U0136462

法式香甜
裸蛋糕

Naked Cakes

{甜點私廚的50款}

淋一點、抹一下，
樸實美感、天然好食的
蛋糕新主張

陳孝怡 著 ｜ 李沂珈、殷正寰 攝影

香甜生活 La Vie Friande

一直到法國求學期間，我才真正開始操持家務，扮演起煮飯婆的角色。雖然唸的是時尚研究和管理，但在說長不長、說短不短的三年裡，養成了現在的生活方式，沒有電視、想吃什麼自己做的習慣。也為了融入當地生活，在家舉行家庭聚會，準備甜鹹點心與餐食酒水，變成了必要的本領。

回到台灣之後，經歷了懷孕生子，從副食品開始到甜點製作，才算是正式踏入香甜生活的點點滴滴。在這段日子裡，感謝認識了一直支持我們的朋友，也認識了許許多多不同領域的大家，也因為這段日子，才有了本書的開始，以及未來的延續……

一直以來，比起在街邊一家一家開、蛋糕也各有特色的甜點店購買，我更喜歡自己動手做，從打鮮奶油、嚴選雞蛋和乳製品、糖煮水果等開始，創造出簡易又多變化的樸實口味。

本書中的甜點皆是從日常生活出發，隨著季節變化，從大自然汲取靈感，對於蛋糕的色彩也接近自然，盡量不使用色素調色；口

感方面，我挑選了三種形式來做變化，有台灣朋友接受度很高的
鬆軟戚風，也有偏歐陸扎實的海綿蛋糕及磅蛋糕，還有新穎口感
的嘗試。

此外，家庭烘焙的重點往往落在「剩材」的處理，蜜紅豆一次蜜
一點點多麻煩，如何把剩下的材料變成一道道美味的甜點？一種
食材多種運用，才是主婦的王道呀！

而運用在蛋糕上的各種醬料，我都選擇在家裡自製，除了能輕鬆
變化蛋糕的口味，也希望這些常備醬料、素材能妝點每一個家庭
的餐桌，安心裝進大家的肚子裡。

在這本食譜書裡，沒有繁複的奶油花、花俏的外貌，只有對食材
的講究，使用水果熬煮完後的自然色澤與風味、低溫烘烤過後透
出自然色澤的果乾、自家熬煮的醬料，亦或是加以點綴蛋白霜的
形式，簡簡單單烘焙出各式各樣有季節感又有自然風韻的「裸蛋
糕」。

目錄 CONTENTS

PART TWO | 34 款裸蛋糕

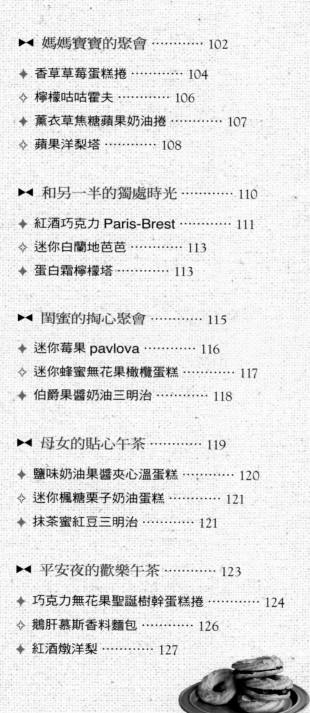

PART THREE | 誰來午茶

PART ONE
事前準備

Basic Ingredients
|基|本|食|材|

土雞蛋

我習慣使用桂園土雞蛋，一方面是方便在小農集合平台superbuy購得，再者，不打抗生素、生長激素的蛋農生產出來的雞蛋，吃起來也比較安心。

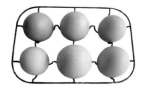

麵粉

麵粉我選擇日本鳥越製粉，包含低筋麵粉S豎琴粉、高筋麵粉、純芯麵粉。主要是因為他們生產無添加的各式麵粉，不使用添加物，用調配產區特性小麥比例的方式，來達到各式糕點或麵包的口感。

糖

三溫糖是日本以提煉上白糖後剩餘的糖液加工製成，通常有一股鐵質的氣味，甜度不高，也沒有染色的問題，質地也柔軟，但我通常只用來做蜜紅豆；其餘則大多使用台糖製的特製細砂。顆粒很小，比較適合拿來製作甜點，若在糖罐中加入使用過後的香草豆莢，製成香草糖，還可以增添糖的風味，進而為甜點加分。

【三溫糖】　　　【砂糖】

無鹽發酵奶油

我習慣用法國伊思尼無鹽發酵奶油。書中食譜使用的都是法國A.O.P乳源限定產區的無鹽發酵奶油。

植物油

我只有需要特殊香氣的戚風蛋糕才會使用義大利或是西班牙產的初榨橄欖油，其他一般戚風蛋糕都是使用葵花油。你也可以自行選用沒有特殊氣味的植物油。

【橄欖油】　　　【葵花油】

鮮奶油

我習慣使用法國總統牌的鮮奶油，是因為喜歡它濃郁的香氣和穩定度。在不添加植物性鮮奶油打發的情況下，我覺得這款鮮奶油的平均值都算穩定。

巧克力

我偏好比利時貝可拉巧克力，通常選用73%的苦艾瑪巧克力，有一種特殊的煙燻味我很喜歡，是CP值很高的一款巧克力。

可可粉

我推薦法國米歇爾柯茲無糖可可粉，是法國專業巧克力品牌，不少甜點師傅都愛用。

抹茶粉

市面上有許多抹茶粉，大家可以按照自己的喜好做選擇，唯一需要注意的是，綠茶粉和抹茶粉的差別。綠茶粉不耐高溫，抹茶粉耐高溫，如果使用綠茶粉，經過烘烤之後，蛋糕的呈色會變黑。另外也可以選擇烘焙材料行所販售的烘焙專用抹茶粉。

杏仁粉

本書使用的杏仁粉是美國產的 Almond，也就是乾扁桃的種子（堅果）磨成的粉，並非一般常見的杏仁茶或南北杏所磨成的粉。現在市面上因應製作甜點的需要，會依照杏仁粉的磨碎程度區分，像是日本杏仁粉往往磨得很細，被稱為馬卡龍專用粉，價格較高。本書使用的是一般美國杏仁粉，顆粒適中，製作蛋糕剛剛好。

伯爵茶粉

市面上有販售使用茶葉加上香料（像是佛手柑）所細磨而成的伯爵茶粉，除了添加茶汁之外，加入伯爵茶粉更能凸顯氣味。

蜂蜜

偶然在有機店發現「蜂巢氏蜂蜜」，香氣和製作出來的產品口味我都很喜歡，於是就一直使用至今，在小農網站 superbuy 上購買也很方便。

玉米粉

玉米粉又稱為粟粉，主要是添加在打發的蛋白中，防止蛋白消泡。

楓糖

加拿大 100% 楓糖。市面上有很多楓糖漿，使用前請認明成分 100% 楓糖，不要使用添加玉米糖漿的混合糖漿。

鮮奶

建議使用無調整鮮奶。目前市面上出現許多小農出產的無調整鮮奶，購買取得的方法容易，也比以前多元，食用起來安心許多。我習慣用四方鮮乳，是老字號的鮮乳品牌，無論是電話訂購、或是按週配送、或是到有機商店購買都可以。

香草豆莢

我常使用波本馬達加斯加A級香草豆莢，可以輕易在烘焙材料行或是進口超市購得。

香料

豆蔻、肉桂粉、薑母粉等香料可以為蛋糕增添一點東方的香氣與厚度，現在一般超市或者進口超市都可以買到很多香料或綜合香料。

【薑母粉】　　　　　【肉桂粉】　　　　　【豆蔻】

Basic Tools
| 基 | 本 | 器 | 具 |

·鍋具·

鋼盆

大、小鋼盆是製作甜點不可或缺的道具，小鋼盆通常是拿來盛裝麵粉。大小按照甜點製作所需的分量斟酌選擇即可。

【小鋼盆】【大鋼盆】

單手鍋

煮醬汁的好幫手，市面上有許多材質的單手鍋可以選擇，若是選擇金屬材質的把柄，使用時要小心燙手喔。

·測量器具·

量杯、量匙、磅秤

量杯、量匙有很多不同大小，但是用順手之後就會發現，常用的就那一兩支。如果再加上一個扣除籃重的磅秤，更是方便。所有的材料只需要每次秤完歸零，就可以輕鬆秤出想要的分量。

【量杯組】
【量匙組】
【磅秤】

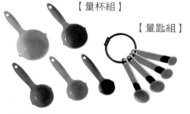

計時器

對於烘焙甜點，時間的掌握很重要，看時鐘可能不夠準確，也很容易不小心忘記，不如準備一個計時器，時間到了還會提醒你喔。

蛋糕探針

烤磅蛋糕的時候，很需要探針，插入蛋糕的中心就可以知道是否沾黏，也可以了解蛋糕烤熟的程度。

·攪拌器具·

打蛋器

打蛋器的大小可以按照甜點製作所需的材料分量來選擇，大的打蛋器常常用來攪拌麵糊，小的攪拌器可以拿來煮檸檬凝乳等甜點醬。

橡皮刮刀

橡皮刮刀種類與尺寸繁多，我習慣用耐熱矽膠刮刀。中型的刮刀（上）用來攪拌麵糊，黃色小型木柄刮刀（下）用來攪拌醬汁。

抹刀

無論用來脫模或是抹鮮奶油都非常方便，多練習幾次就會完全上手。

手持電動攪拌器 & 手持攪拌棒

手持電動攪拌器（右）有多組攪拌頭，適合用來打發蛋白、鮮奶油及麵糰等；手持攪拌棒（左）則適合快速打發鮮奶油、處理食物泥。

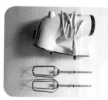

蛋糕刀

無論是將蛋糕切片或是切塊，有一把長度夠又銳利的蛋糕刀都是省力的好幫手。

水平蛋糕切割器

在切割磅蛋糕的時候，很需要一個水平蛋糕切割器，主要是用鋼線切割，並且可以調整高度，能快速完成。

·模具·

市面上烘焙的模具十分多樣，在此介紹最基本的幾種模具。選擇模具的基本前提是按照蛋糕的種類，例如：製作戚風蛋糕時，請選擇表面粗糙的模具，像是日式中空戚風模，或是其他圓形模具，不建議使用矽膠模具來製作。而咕咕霍夫的模具若不是不沾系列，則需要平日保養，每次製作完都要洗淨擦乾，入模前也需要先抹上一層奶油、撒上麵粉並冷藏，再將麵糊倒入，這樣可以減少脫模失敗的機率。另外，連續的模具，如迷你咕咕霍夫模。因為表面有一層不沾塗層，所以只需要按照品牌的保養說明使用即可。而有銳利邊緣的圓形切模，也就是塔圈、慕斯圈，可用來切割塔派的底部，或是將蛋糕切割成圓形，或是製作生乳酪、慕斯類冷藏糕點。

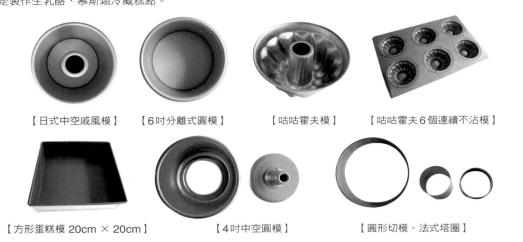

【日式中空戚風模】　【6吋分離式圓模】　【咕咕霍夫模】　【咕咕霍夫6個連續不沾模】

【方形蛋糕模 20cm × 20cm】　　　　【4吋中空圓模】　　　　【圓形切模、法式塔圈】

·擠花器具·

不同造型的花嘴可以擠出不同的奶油花，照片中示範幾種書中使用的花嘴，都算是比較基本的造型。

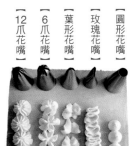

［12爪花嘴］［6爪花嘴］［葉形花嘴］［玫瑰花嘴］［圓形花嘴］

【拋棄式擠花袋】

·其他·

另外還有一些做甜點時很好用的工具，甚至做其他料理也可以使用。

【桿麵棍】

【烘焙紙】
（鋪在模具或是烤盤內可防止沾黏）

【分蛋器】

【榨汁器】

【冷卻架】
（用來冷卻戚風蛋糕）

【麵粉過篩器】

【削皮器】
（削檸檬皮很好用）

Basic Sauce
| 基 | 本 | 甜 | 點 | 醬 |

A. 自製黑糖蜜

黑糖蜜的妙用多，它有獨特的香氣和不黏膩的口感，可以拿來當作布丁的淋醬、做成黑糖口味的戚風……甚至連家常料理都可以使用。原料簡單，只要確定黑糖及蜂蜜的來源，就可以輕鬆做出自家製的好用黑糖蜜。

材料

• 黑糖50g
• 水25g
• 蜂蜜15g

作法

黑糖加水放入鍋中一邊攪拌一邊煮滾後，加入蜂蜜攪拌均勻、放涼，即可倒入密封罐備用。

B. 基本焦糖醬

以前常在生活百貨或者超市賣場看見市售焦糖醬，研究幾種做法之後，發現這個做法最簡單。百搭又受人喜愛的基本焦糖醬有濃濃的太妃糖香氣，按照糖焦化的程度，適用的甜點也不盡相同，看起來很難，但實際做了，就會發現一點也不難駕馭喔。

材料

• 砂糖100g
• 水25g
• 室溫鮮奶油65g

作法

將糖和水倒入鍋中，加熱至琥珀色後，再加入室溫鮮奶油，攪拌均勻、放涼備用。

🍰 Tips

煮糖溫度高，倒入鮮奶油時請緩緩沿著鍋緣倒入，並且小心燙手，以免被蒸氣燙傷。

C. 巧克力甘納許

巧克力甘納許（chocolate ganache）是很常使
用的巧克力醬，主要由巧克力和鮮奶油組成，
作為裸蛋糕的裝飾或夾心很不錯，還可按照個
人喜好加入酒類，增添風味。

材料

- 苦甜巧克力65g
- 鮮奶油65g

作法

將苦甜巧克力切碎之後，加入鮮奶油，隔水加熱，
攪拌至滑順即可。

D. 巧克力淋醬

在巧克力甘納許中添加奶油，可以為醬汁增添
流動感。巧克力的種類請視個人喜好選擇，但
還是以適合製作甜點的巧克力為主。

材料

- 巧克力58g
- 鮮奶油27g
- 無鹽奶油47g

作法

將巧克力、奶油和鮮奶油放入碗中，以隔水加熱的
方式，讓所有材料完全融合，呈現滑順、有光澤的
質感。

E. 自製法式酸奶油

Sour cream 又叫做 crème fraîche，是略帶發酵香氣的流動感奶油。在法國超市裡很常見，屬料理用乳製品，適用於甜點或料理，做成抹醬也很不錯。只是一般家庭的用量通常不會很大，且保存期限短，開封後沒有盡快食用完畢容易腐壞。所以建議自己做，不僅帶點優格的香氣，酸味比較沒有那麼重，還帶著濃濃奶香。

材料
- 原味優格 100g
- 鮮奶油 400g

作法
取一個密封罐，將原味優格倒入，並加入鮮奶油後，用打蛋器攪拌均勻。然後放在室溫下大約 4 小時，讓它發酵至表面凝固即可。密封冷藏可保存一週。

F. 檸檬凝乳

檸檬凝乳（Lemon Curd）是製作檸檬塔的主要醬料。通常我會選用綠檸檬製作，酸味明顯卻不過度搶戲，也不會過於甜膩。只是直接加熱時需要多點耐心攪拌及過篩。

材料
- 檸檬皮削 1 顆
- 檸檬汁 1 顆的分量
- 雞蛋 1 顆
- 砂糖 90g
- 無鹽奶油 30g

作法
將雞蛋打散，加糖混合均勻之後，加入檸檬皮削、檸檬汁、切成小塊的奶油，以小火加熱、不斷攪拌至濃稠，即可熄火、過篩，放涼備用。

G. 自製莓果醬

這是一款快速完成的自製果醬。有機的冷凍莓果可以在大型量販店取得，也可以在精品超市購入。加熱後拌入分量外的新鮮莓果，裹上一層晶亮糖汁，點綴在甜點上，既好看又好吃。

材料
- 冷凍莓果 100g
- 砂糖 25g
- 水 30g

作法
將冷凍莓果、水和糖一起放入小鐵鍋中，加熱至滾。莓果出汁後，轉小火，煮至濃稠，再拌入新鮮莓果（分量外）放涼備用。

Basic Cake
| 基 | 本 | 蛋 | 糕 | 體 |

A. 原味戚風蛋糕

戚風蛋糕是普遍接受度很廣的一款基本蛋糕體，口感鬆軟、具有彈性，令人忍不住一口接一口。本書使用分蛋法，執行起來容易、不複雜，是很好入門的一款蛋糕體。搭配鮮奶油和口味上的變化，也能品嚐到戚風四季的美味。

模具
- 6吋分離式圓模
- （先將底部及側邊鋪上烘焙紙）

材料

蛋黃麵糊 ・蛋黃3顆 ・砂糖13g ・水40ml
　　　　　・植物油40ml ・低筋麵粉65g

蛋白霜 ・蛋白3顆 ・砂糖60g ・玉米粉6g

作法

① 製作蛋黃麵糊。將蛋黃放到攪拌盆中，以打蛋器打散，再加入砂糖攪拌均勻後，分別依序加入植物油、水，以及過篩的低筋麵粉，再以繞圓圈的方式攪拌，至麵糊有濃稠感即可。

② 製作蛋白霜。將蛋白放入另一個攪拌盆，以攪拌器開中速，先將蛋白打至起泡後，再分三次將糖加入，最後三分之一的糖，請和玉米粉一起加入攪拌盆中，攪拌至九分發。

③ 將三分之一的蛋白霜加入蛋黃麵糊中，以刮刀、用翻攪的方式，大動作從底部往上輕柔拌合麵糊，至均勻後，將麵糊倒入剩下的蛋白霜中，以相同的方式拌合均勻，最後將麵糊倒入模具中。

④ 烤箱以上火160度、下火150度，預熱20分鐘後，將完成的蛋糕麵糊放入烤箱中烘烤30分鐘，出爐後立刻重摔兩下、倒扣，放涼後脫模備用。

Note
＊步驟1若是攪拌過度，即使低筋麵粉依然會出筋影響口感。
＊麵糊倒進模具時，以八分滿為準，多出的可另外做成杯子蛋糕。
＊材料用的3顆雞蛋請選中小型的，麵糊的分量會比較剛好。

B. 基本海綿蛋糕

全蛋打發的海綿蛋糕口感Q彈，帶著濃濃的蛋香，無論是簡單吃，或是做不同口味變化都不錯，也很適合加上有分量感的水果，營造豐厚的口感。

模具
· 6吋分離式圓模（先將底部及側邊鋪上烘培紙）

材料
· 雞蛋3顆 · 砂糖70g · 低筋麵粉82g · 融化奶油24g（隔水加熱） · 牛奶24g

作法

❶ 將雞蛋打散、加入糖，隔水加熱至手觸碰到蛋液感覺溫溫的程度（通常是38度）。接著用攪拌器以高速打發，至蛋糖液變成淺黃色且有濃稠感（用攪拌器舀起一點麵糊，滴流的狀態是緩慢且看得出漣漪）。

❷ 改用手直接拿著攪拌棒、順時鐘攪拌，消去麵糊中的大氣泡。然後將低筋麵粉分三次過篩、加入，用攪拌棒由底部大動作撈起、再放下，攪拌至無粉狀態。

❸ 接著改用橡皮刮刀，將融化奶油以及牛奶混合後，沿著橡皮刮刀的邊緣緩緩倒入麵糊中，接著快速攪拌均勻。

❹ 倒入模具，放入預熱到170度的烤箱中，烘烤約30分鐘，用探針確認無沾黏麵糊，烤熟後立刻倒扣、放涼、脫模備用。

C. 基本磅蛋糕

將奶油和糖直接打發製作的磅蛋糕，作法傳統卻百吃不厭，只要每個步驟做得確實、把空氣打到麵糊裡，基本上都會成功。

模具

• 6吋分離式圓模（先將底部及側邊鋪上烘培紙）

材料

• 雞蛋3顆　• 砂糖150g　• 無鹽奶油150g（室溫軟化）　• 低筋麵粉150g　• 無鋁泡打粉4.5g

作法

❶ 準備一個攪拌鋼盆，把室溫奶油和糖用攪拌器攪拌至蓬鬆泛白、有絨毛感。

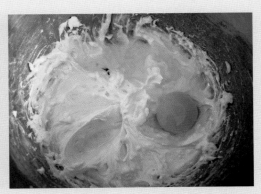

❷ 分次加入雞蛋，一次加一顆，每次都需攪拌至完全融合後，再加入下一顆，直到全部攪拌均勻。如果不小心油水分離的話，可以先將三分之一的麵粉過篩、加入，水分被麵糊吸收後，就可以完全融合了。

❸ 將麵粉和泡打粉混合、過篩，加入步驟2奶油蛋糕中，以橡皮刮刀攪拌均勻成光亮滑順的麵糊。

❹ 倒入模具，放進預熱至180度的烤箱，烘烤約40分鐘後，取出、放涼、脫模備用。

> 🍰 Note　如果食譜需要加入果乾等固體材料，可在步驟3加入。

D. 溼潤型磅蛋糕

我最喜歡的蛋糕體就是這種溼潤型的磅蛋糕，法文又稱 gâteau de voyage。這種溼潤型磅蛋糕真是百吃不厭，無論冰冰的吃，或是室溫下享受鬆軟綿密的口感，都令人再三回味。

模具

•6吋分離式圓模（先將底部及側邊鋪上烘培紙）

材料

•雞蛋3顆　•砂糖120g　•融化奶油135g（隔水加熱）　•低筋麵粉120g

作法

❶ 將雞蛋和糖放入攪拌鋼盆內，打至九分發。然後將攪拌器卸下，將過篩的麵粉加入，並且手拿攪拌器，從底部往上翻攪至均勻即可。

❷ 取一把耐熱橡皮刮刀，將融化奶油沿著刮刀緩緩倒入麵糊中，同樣從底部往上翻攪，緩緩地、仔細地將麵糊和奶油拌合均勻，即可倒入模具。

❸ 將烤箱預熱至180度，烘烤約35分鐘後，取出、放涼、脫模備用。

 Note

步驟1若是使用手持的攪拌器，只要把攪拌器前端的攪拌棒卸下，用手拿著，以畫圓圈的方式從底部翻攪，將篩入的麵粉攪拌均勻即可。

E. 無麩巧克力蛋糕

這款巧克力蛋糕以杏仁粉取代麵粉，口感豐厚，堅果的油脂香氣及可可脂的香氣融為一體，不僅適合對麩質過敏的人，男生也可以輕鬆品嚐。

模具

• 6吋分離式圓模（先將底部及側邊鋪上烘培紙）

材料

蛋黃麵糊　• 無鹽奶油85g　• 苦甜巧克力85g　• 蛋黃3顆　• 砂糖35g　• 杏仁粉85g

蛋白霜　　• 蛋白3顆　• 砂糖40g

作法

❶ 拿一個小鍋，將無鹽奶油融化後，倒入巧克力，靜置約1分鐘後，攪拌均勻。

❷ 將蛋黃放入攪拌鋼盆內，加入砂糖攪拌均勻後，將步驟1巧克力奶油倒入，攪拌至滑順，再加入杏仁粉攪拌均勻。

❸ 製作蛋白霜。將蛋白打至起泡後，分三次拌入砂糖，持續打至七分發。

❹ 取一部分蛋白霜，加入步驟2巧克力蛋黃麵糊中，以攪拌器快速、大動作攪拌均勻後，加入剩餘的蛋白霜，改用橡皮刮刀攪拌均勻，再倒入模具中。

❺ 烤箱以180度，預熱20分鐘，再放入蛋糕糊，烘烤40分鐘，即可取出、放涼、脫模備用。

 Note

烤了40分鐘後，可用探針插入蛋糕中央，看看有沒有沾黏麵糊，沒有沾黏就是烤熟了。若是有沾黏就再烤3～5分鐘。

F. 基本杏仁塔皮

加了杏仁粉的酥脆塔皮是萬用塔皮，無論是做甜塔或是生乳酪蛋糕都可以使用。一般奇福餅乾的塔底我比較不喜歡，希望盡量避免使用半成品。

材料

- 室溫奶油150g - 砂糖100g - 蛋黃1顆 - 香草豆莢少許（取籽）
- 鹽一小撮 - 低筋麵粉240g - 杏仁粉20g

作法

❶ 將奶油、糖、刮下來的香草籽，混合打發至蓬鬆、泛白，再加入蛋黃繼續打發，至蛋汁完全吸收。

❷ 將過篩的粉類（麵粉、杏仁粉）及一點點鹽加入，充分混合，再改用橡皮刮刀以切拌的方式攪拌，直至無粉狀態。

❸ 最後用手將麵糰整形成團，並用保鮮膜包好，放入冰箱醒麵，至少30分鐘。

 Note

＊步驟2不要過度攪拌，以免影響口感。
＊若是製作6吋大小的甜點，塔皮應有剩餘，可以放冷藏備用。

PART TWO
34款裸蛋糕

三種不同食感，
滿足所有味蕾。

每款蛋糕因為使用的基本蛋糕體不同，會產生不同食感的變化，例如：戚風蛋糕口感鬆軟、具有彈性；海綿蛋糕口感Q彈，帶著濃濃的蛋香；磅蛋糕的口感扎實而綿密；無麩巧克力蛋糕則口感豐厚，還有堅果的油脂香氣及可可脂的香氣。再搭配不同季節、風味或特性的甜點醬、水果或堅果，以及常溫、冷藏等食用溫度的安排，就可以呈現出輕軟或是溫厚的食感。若是進一步巧妙混搭，例如：戚風蛋糕搭配生乳酪與水果；或是嘗試以發酵麵糰製作的法式經典芭芭蛋糕，就可品嚐到不同於一般的新穎口感。

本篇包含輕軟、溫厚、新穎等三種食感，一共34款裸蛋糕。

每款蛋糕都會區分成基本蛋糕體、抹醬、淋醬、其他食材等幾個步驟，依序準備完成後，再來組合、裝飾，方法簡單，不需巧手也能上手。裝飾上若用到奶油花則會提供詳細圖解，但其實只要擠上你喜歡的樣式，或是不擠奶油花、以其他你愛吃的食材隨意排列、撒上就可以了。讓我們一起度過香甜美味的午後時光吧。

｜輕｜軟｜食｜感｜裸｜蛋｜糕｜

· 洋梨和蜂蜜堅果蛋糕 · 草莓抹茶蛋糕 · 蜜橙開心果花蛋糕……共15款。

｜溫｜厚｜食｜感｜裸｜蛋｜糕｜

· 熱帶水果蛋糕 · 新鮮檸檬夾心優格蛋糕 · 鹽味奶油蛋糕和莓果……共14款。

｜新｜穎｜食｜感｜裸｜蛋｜糕｜

· Pavlova裸蛋糕 · 玫果檸檬漸層慕斯裸蛋糕 · 莓果氣息水果藍……共5款。

{ 洋梨和蜂蜜堅果蛋糕 }

我喜歡西洋梨或是香梨具有的花香，就像無花果一樣，是一種適合料理也適合做甜點的食材。花香調搭配堅果的油脂香氣，以及蜂蜜的氣息，佐著濕潤綿密的戚風蛋糕，清爽香甜，很適合春天午後。

A. 蜂蜜戚風蛋糕

材料

蛋黃麵糊　•蛋黃3顆　•蜂蜜13g　•植物油40ml　•水40ml　•低筋麵粉65g

蛋白霜　　•蛋白3顆　•砂糖60g　•玉米粉6g

作法

請參照Part 1「原味戚風蛋糕」。但用蜂蜜取代原本蛋黃麵糊裡的糖。

B. 糖脆杏仁片

材料

•砂糖40g
•水20g
•無鹽奶油5g
•杏仁片70g

作法

將水和糖放入鍋中煮，煮至濃稠（拿一個湯匙和小碟子，將糖液舀起，滴在小碟子上，感覺濃稠便可），接著加入杏仁片攪拌，再加入無鹽奶油，攪拌至反砂的狀態（沙沙的、粗粗的顆粒裹在杏仁片上）即可放涼備用。

C. 蜂蜜鮮奶油香緹

材料

•鮮奶油250g
•蜂蜜25g

作法

將鮮奶油和蜂蜜加入鋼盆中打發至九分發，也就是拿起攪拌器，頂部的奶油呈明顯的紋路狀態。

D. 洋梨或香梨3顆（切薄片）

❶ 將烤好的A戚風蛋糕切成三等分。在底層的蛋糕片上塗滿B蜂蜜鮮奶油香緹，鋪上D洋梨薄片（預留部分做最後裝飾）及撒上B糖脆杏仁片，再抹上一層蜂蜜鮮奶油香緹，接著蓋上夾心的蛋糕片，並重複相同步驟，最後蓋上頂層蛋糕片。

❷ 預留適量的蜂蜜鮮奶油香緹之後裝飾，其餘抹在蛋糕體表面及側邊，用刮刀抹均勻。接著在蛋糕頂部、以放射狀鋪上洋梨片，並取一個擠花袋及圓形花嘴，裝入蜂蜜鮮奶油香緹，擠上圓形的裝飾奶油花。最後撒上糖脆杏仁片及百里香，即完成。

{草莓抹茶蛋糕}

紅綠組合其實相當討喜。不僅抹茶的滋味深受一般大眾喜愛，草莓更是不在話下。這兩款明星商品搭配，不難想像它的美味。但是我本身不愛抹茶的苦澀，只喜歡香氣，所以搭配蜂蜜口味的鮮奶油，降低了澀味，多了分香甜。

A. 抹茶戚風蛋糕

材料

| 蛋黃麵糊 | • 蛋黃 3 顆 | • 砂糖 13g | • 植物油 36ml | • 水 36ml | • 低筋麵粉 55g |

蛋白霜　　• 蛋白 3 顆　• 砂糖 60g　• 玉米粉 6g

抹茶糊　　• 抹茶粉 6g　• 熱水 18ml

作法

❶ 製作抹茶糊。先將抹茶粉過篩、加入熱水中，攪拌均勻備用。

❷ 按照 Part 1「原味戚風蛋糕」做至步驟 3，取出和蛋黃麵糊分量相同的蛋白霜，攪拌均勻後，再將步驟 1 的抹茶糊倒入二分之一，攪拌均勻。

❸ 準備另一個攪拌盆，將剩下的抹茶麵糊取一半倒入攪拌盆內，加入剩下的蛋白霜攪拌均勻，再將最後一半抹茶麵糊加入，但不要攪拌得太均勻，保留綠白漸層的效果。

❹ 將步驟 2 和 3 的麵糊混合，輕輕由底部往上翻攪 3 ～ 4 次，再將麵糊緩緩倒入模型中。

❺ 烤箱以上火 160 度、下火 150 度，預熱 20 分鐘，將麵糊放入烘烤約 30 分鐘後，倒扣、放涼、脫模，切三等分備用。

B. 蜂蜜鮮奶油香緹

材料

• 鮮奶油 260ml
• 蜂蜜 26g

作法

將鮮奶油倒入鋼盆內，加入蜂蜜，打至九分發。

C. 抹茶糊

材料

• 抹茶粉 2g
• 熱水 6ml

作法

將抹茶粉過篩，加入熱水中攪拌均勻備用。

D. 草莓 200g（洗淨、擦乾，切片備用）

❶ 在A的底層蛋糕片抹上B蜂蜜鮮奶油香緹,鋪上D新鮮切片草莓,再抹上一層蜂蜜鮮奶油香緹,接著疊上夾心蛋糕片,重複前述步驟,再蓋上頂層蛋糕片。

❷ 將C抹茶糊倒入剩下的蜂蜜鮮奶油香緹,以抹刀輕緩攪拌,不要攪拌均勻以免影響漸層效果。

❸ 先在蛋糕頂部均勻抹上步驟2的漸層奶油,多餘的刮除,再均勻塗抹在蛋糕側邊。最後在蛋糕表面裝飾新鮮的切片草莓(分量外)即可。

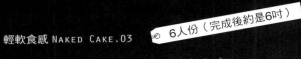

6人份（完成後約是6吋）

{ 蜜橙開心果花蛋糕 }

簡簡單單的焦糖卻有裝飾上的妙用，一方面可以增添口感；另一方面又增添了美感。是很適合裸蛋糕的裝飾素材。不僅如此，這道甜點嘗試把蛋糕捲變換一種做法，簡單卻也裸得很美麗。

A. 薰衣草平板蛋糕

模具

• 35cm x 24cm x 3cm 矩形平板蛋糕模（在底部及側邊，鋪上烘焙紙）

材料

• 蛋黃 3 顆
• 砂糖 13g
• 植物油 40g
• 水 38ml
• 薰衣草純露 2ml
• 低筋麵粉 65g

作法

① 請參照 Part 1「原味戚風蛋糕」製作蛋黃麵糊，並在水中加入薰衣草純露，最後倒入平板蛋糕模型內抹平。

② 烤箱以上火 160 度、下火 150 度，預熱 20 分鐘，再將蛋糕麵糊放入烤箱中烘烤 23 分鐘，出爐後立刻重摔兩下、取出。將四邊烘焙紙小心撕開，放涼備用。

B. 焦糖鮮奶油香緹

材料

• 焦糖醬 15g（作法請參考 Part 1「基本焦糖醬」）
• 鮮奶油 200g
• 砂糖 10g

作法

鮮奶油加糖打至九分發後，拌入自製焦糖醬，攪拌均勻即成焦糖鮮奶油香緹。

C. 糖漬柳橙片

材料

• 砂糖 100g
• 水 70g
• 柳橙 1 顆（洗淨切片）

作法

糖和水混合，放入鍋中煮沸後，加入柳橙片煮到收汁，放涼備用。

D. 焦糖開心果柳橙碎片

材料

• 開心果仁適量
• 糖漬柳橙片適量
• 砂糖 100g
• 水 25g

作法

將糖與水放入一只小鍋，煮至變褐色。接著取一張烘焙紙，將糖漬柳橙片剪成小片狀，和開心果仁一起平鋪在烘焙紙上，將焦糖淋在開心果和柳橙片上，放涼、硬化後，剝成小片備用。

❶ 將放涼的Ａ平板蛋糕切成四等分。將Ｂ焦糖鮮奶油香緹預留部分做裝飾，其餘平均抹在切成條狀的平板蛋糕上，並均勻鋪上切小片的Ｃ糖漬柳橙以及開心果仁（分量外）。

❷ 取其中一條蛋糕往內捲起後，將蛋糕捲立在蛋糕底盤中央；此為花蛋糕的圓心。接著將四條蛋糕依次包裹住圓心，圍成花型。最後在外圍包覆保鮮膜，放入冰箱定型，約15分鐘。

❸ 在定型的花蛋糕外側，按照自己喜歡的方式抹上焦糖鮮奶油香緹，接著在表面裝飾上Ｄ焦糖開心果柳橙碎片，即完成。

｛白酒甜桃戀愛感蛋糕｝

白酒醃漬過的甜桃，帶著果香與花香，十分有戀愛的感覺。搭配能吸收汁液的海綿蛋糕，一入口滿滿的香甜。除了用白酒煮，也可以選擇用香檳浸泡甜桃，果肉不會過度軟爛，也一樣會有甜美的香氣。

A. 香草海綿蛋糕

材料及作法請參考 Part 1「基本海綿蛋糕」。可在材料中加入香草籽，做成香草口味。

B. 白酒漬甜桃

材料

- 水 300g
- 檸檬汁半顆的分量
- 白酒 200g
- 砂糖 30g
- 甜桃 6 顆

作法

① 在水中加入檸檬汁，再將甜桃去皮去核、切半放入檸檬水中，防止變黑。

② 將白酒和砂糖混合後，放入鍋中煮滾（酒糖液），再加入甜桃。剪一張和鍋子內徑差不多大小的烘焙紙，中央剪一個氣孔，蓋在甜桃上，燉煮大約 10 分鐘。

③ 放涼後，將酒糖液和甜桃放入保鮮盒，浸漬一晚。

C. 白酒鮮奶油香緹

材料

- 鮮奶油 230g
- 酒糖液 20g（煮過甜桃的）
- 砂糖 20g

作法

將鮮奶油加入燉煮甜桃的酒糖液及砂糖，用攪拌器打至九分發。

組合

① 將 A 香草海綿蛋糕切成三等分。在底層蛋糕片抹上 C 白酒鮮奶油香緹，並且將漬好入味的 B 白酒漬甜桃切片、鋪上。接著蓋上第二層夾心蛋糕片，重複相同步驟後，將頂層的蛋糕片蓋上。

② 在蛋糕頂部均勻抹上剩餘的白酒鮮奶油香緹，多餘的往側邊抹平整。最後鋪上切半的甜桃裝飾，擠上喜愛形狀的鮮奶油香緹，再點綴上香草即完成。

{蜂蜜無花果橄欖蛋糕}

◆·•◆·•◆·•◆·•◆·•◆·•◆·•◆·•◆·•◆·•◆·•◆·•◆·•◆·•◆

橄欖油特殊的香氣，能與無花果這類清爽香甜的食材相互彰顯又互不搶戲，不妨用它來做一道甜點吧。當初想到的就是這樣的概念，喜歡無花果搭配乳脂的柔潤以及蜂蜜和堅果的提味，所以把蛋糕體的油脂改為橄欖油，搭配自製酸奶蜂蜜香緹，以及新鮮無花果和堅果碎片。看似簡單的組合，處理起來也是得按部就班，才能達到想要的口感與層次。

A. 戚風蛋糕

模具
• 6吋日式中空戚風模

材料
• 蛋黃 3 顆
• 砂糖 13g
• 橄欖油 40g
• 水 40g
• 低筋麵粉 65g

作法
請參考 Part 1「原味戚
風蛋糕」，模具則改用
6吋日式中空戚風模。

 Tips 中空戚風模的脫模方式（示範照片為抹茶戚風）

❶ 以扁平的抹刀垂直插入模具內緣，並沿著內緣劃一圈，再用
手指頂著模具底盤，使蛋糕和模具邊緣分開。

❷ 將蛋糕放在桌上，接著用竹籤，按照外圈的脫模方式，沿著
中空模具與蛋糕交接處劃一圈。

❸ 將中空蛋糕模倒扣，分別用兩手抵著模具底盤，以「握著」
蛋糕的姿勢，左右輕輕地以食指往內壓，讓蛋糕和底盤分離，
蛋糕就會自動掉落下來。

B. 蜂蜜法式酸奶香緹

材料
• 鮮奶油 70g　• 蜂蜜 10g　• 自製法式酸奶油 80g（請參考 Part 1「自製法式酸奶油」）

作法
將鮮奶油及蜂蜜倒入攪拌容器中，以攪拌器打成九分發，再拌入自製法式酸奶油，攪拌均勻即可。

C. 新鮮無花果適量

 組合

❶ 以抹刀將 A 中空戚風蛋糕的外側、
頂部及內側均勻抹上 B 蜂蜜法式酸
奶香緹；蛋糕外側抹約四分之三即
可，剩下四分之一不抹。

❷ 將切大塊的 C 新鮮無花果裝飾在蛋糕頂
部，淋上分量外的蜂蜜，撒上自製糖脆
杏仁片（請參考 P.24「洋梨和蜂蜜堅果
蛋糕」）即完成。

{玫瑰覆盆子蛋糕}

玫瑰和覆盆子是我心目中的超級好朋友，在蛋糕麵糊和鮮奶油中加一點有機玫瑰純露，風味相當的迷人優雅。蛋糕的造型選擇以女性化的玫瑰擠花，在視覺和味覺上都很討喜。

A. 玫瑰戚風蛋糕

材料

蛋黃麵糊　• 蛋黃 3 顆　• 砂糖 13g
　　　　　• 玫瑰純露水 40g（玫瑰純露 5g、水 35g）
　　　　　• 植物油 40g　• 低筋麵粉 65g
蛋白霜　　• 蛋白 3 顆　• 砂糖 60g　• 玉米粉 6g

作法

請參考 Part 1「原味戚風蛋糕」。

B. 玫瑰鮮奶油香緹

材料

• 鮮奶油 300g　• 玫瑰純露 5g　• 砂糖 30g

作法

將材料全部放入攪拌盆中，使用攪拌器將奶油打成九分發。

C. 新鮮覆盆子適量

組合

❶ 把 A 戚風蛋糕體切成三等分，在底層蛋糕片均勻抹上 B 玫瑰鮮奶油香緹，並鋪上 C 新鮮覆盆子後，再蓋上夾心蛋糕片，並重複相同步驟，最後蓋上頂層蛋糕片。

❷ 將蛋糕頂部以及側邊均勻抹上薄薄的玫瑰鮮奶油香緹；剩餘奶油裝入擠花袋，以五爪花嘴，在蛋糕頂部擠上一朵一朵的玫瑰花奶油。最後點綴上些許新鮮覆盆子，以及薄荷葉即完成。

Tips　玫瑰花奶油的擠法

❶ 首先將五爪花嘴裝入擠花袋中，用剪刀把擠花袋的尖端剪去，大約抵住花嘴的三分之二。
❷ 裝入玫瑰鮮奶油香緹，轉緊擠花袋上方開口。一手拖著擠花嘴，一手握著擠花袋，懸空、垂直在蛋糕上方。
❸ 在確定想要擠上玫瑰花的區塊，找到其中心點後，由內往外畫圓圈，大約兩圈半，可以完成一朵玫瑰花。注意，擠花的時候花嘴務必跟蛋糕表面垂直。
❹ 最後，按照自己喜好，在整個蛋糕頂部擠上玫瑰花奶油。

{楓糖栗子奶油蛋糕}

原先會製作這款蛋糕，是因為不喜歡蒙布朗的口感和模樣，但又想要品嚐栗子泥的香甜，所以自己製作了一款可以吃到栗子泥的香甜，卻又有蛋糕鬆軟口感的楓糖栗子奶油蛋糕。不僅外觀優雅，口味也甜而不膩，很適合當作婚禮或是彌月派對上的主角。

A. 楓糖戚風蛋糕

材料

蛋黃麵糊　・蛋黃3顆　・楓糖8g　・砂糖5g　・植物油40g　・水40g　・低筋麵粉65g
蛋白霜　　・蛋白3顆　・砂糖60g　・玉米粉6g

作法

請參考 Part 1「原味戚風蛋糕」。但部分砂糖改用楓糖。

B. 栗子內餡

材料

• 法國無糖栗子泥65g
• 奶油20g
• 砂糖30g
• 鮮奶油25g

作法

將無糖栗子泥加入奶油、糖、鮮奶油後，隔水加熱（或是放電鍋裡蒸至奶油和糖融化），再以食物處理器打成泥，放涼後，取20g製作栗子鮮奶油香緹，其餘做為夾心內餡。

C. 楓糖鮮奶油香緹

材料

• 鮮奶油130g　・楓糖13g

作法

將鮮奶油加入楓糖，打至九分發即可。

組合

❶　將A楓糖戚風蛋糕體切成三等分，底層蛋糕片抹上B栗子內餡後，蓋上夾心蛋糕片，再抹上內餡，最後蓋上頂層蛋糕片。

❷　在蛋糕頂部以抹刀均勻抹上C楓糖鮮奶油香緹。

❸　將預留的20g栗子內餡均勻拌入剩下的楓糖鮮奶油香緹，做成栗子鮮奶油香緹，塗抹在蛋糕側邊。最後按照個人喜好，以五爪花嘴擠上花邊，即完成。

{ 楓糖碧根果焦糖蛋糕 }

碧根果（即胡桃）和核桃的香氣不同，卻也常被拿來當成製作甜點的材料。這是融合了派的內餡和反烤概念的一款蛋糕，濃濃的焦糖和楓糖風味，搭配蓬鬆爽口的海綿蛋糕，是屬於大人口味的下午茶點。

A. 焦糖碧根果

材料

- 砂糖60g
- 水20g
- 無鹽奶油5g
- 碧根果（胡桃）50g
- 白蘭地少許

作法

將糖和水放入鍋中，煮成焦糖後，加入奶油攪拌，再加入碧根果攪拌均勻，並加一點白蘭地提味。最後將完成的焦糖碧根果倒入中空蛋糕模備用。

B. 楓糖海綿蛋糕

模具

- 6吋日式中空戚風模（請先在底部鋪烘焙紙，側邊抹奶油）

材料

- 雞蛋3顆
- 砂糖60g
- 低筋麵粉82g
- 融化奶油24g（隔水加熱）
- 楓糖牛奶34g（楓糖漿14g、牛奶20g混合均勻）

作法

❶ 請參考Part 1「基本海綿蛋糕」。但將牛奶改成楓糖牛奶。

❷ 蛋糕麵糊完成後，倒入底部鋪著A焦糖碧根果的戚風模具，輕震兩下。

❸ 放入預熱至170度的烤箱，烘烤約30分鐘，出爐後倒扣、放涼、脫模。

❹ 最後淋上楓糖漿（分量外），即完成。

 Tips

為了防止糖漿外漏，可在模具底部的外層包一層鋁箔紙。

｛黑糖芋泥桂圓蛋糕｝

台灣的桂圓有著獨特的香氣，喜愛芋泥的朋友也很多，自從在餐廳吃到這款巧妙的
搭配之後，就念念不忘。這是一款十分具有在地風味的裸蛋糕。

A. 黑糖戚風蛋糕

材料

蛋黃麵糊　• 蛋黃3顆　• 黑糖13g　• 溫水40g　• 植物油40g　• 低筋麵粉65g

蛋白霜　　• 蛋白3顆　• 砂糖60g　• 玉米粉6g

作法

請參照Part 1「原味戚風蛋糕」。但將蛋黃麵糊的砂糖改成黑糖。

B. 芋泥奶油餡

材料

• 新鮮芋頭切塊150g
• 無鹽奶油30g
• 砂糖40g
• 鮮奶油30g

作法

將新鮮芋頭蒸熟後，取130g趁熱加入無鹽奶油、砂糖以及鮮奶油，用食物攪拌棒打成泥狀。

C. 蜜芋頭

材料

• 砂糖50g
• 水20g
• 清酒適量

作法

❶ 將剩餘的20g蒸熟芋頭塊，拿來製作成點綴蛋糕的蜜芋頭。

❷ 先將糖和水放入鍋中，煮沸後加入芋頭，開小火悶煮約10分鐘，再加入清酒，稍微攪拌，讓芋頭均勻沾上糖汁，再煮滾約5分鐘，放涼備用。

 Note

請觀察芋頭蒸熟的程度，太熟的話，就沾上酒糖液後，煮一下就可以放涼備用了。

D. 黑糖鮮奶油香緹

材料

- 鮮奶油 150g
- 自製黑糖蜜 15g（請參考 Part 1「自製黑糖蜜」）

作法

將鮮奶油和黑糖蜜倒入容器內，以攪拌器打成九分發。

E. 其他

- 市售小農炭焙桂圓適量
- 金箔少許（可省略）

Note

炭焙桂圓有特殊的香氣，和芋泥及黑糖調和在一起非常美味。如果選用的桂圓是完整的，請把殼和籽剔除後，再做蛋糕夾心。

組合

❶ 將 A 黑糖戚風蛋糕體切成三等分。在底層的蛋糕片抹上 B 芋泥奶油餡，鋪上適量的 E 炭培桂圓，再撒上一層黑糖（分量外），蓋上夾心蛋糕片，並重複相同步驟，最後蓋上頂層的蛋糕片。

❷ 將蛋糕頂部及側面抹上 D 黑糖鮮奶油香緹，再選擇自己喜愛的擠花嘴，將剩下的黑糖鮮奶油香緹裝入擠花袋中，擠出想要的奶油花，再裝飾 C 蜜芋頭以及炭培桂圓，最後點綴少許金箔。

｛蘋果荔枝蛋糕｝

大約五六月的時節，在市面上可以看到日本的青森信濃金蘋果。果肉紮實、酸甜有層次，大小也適合拿來製作果醬。不易煮爛的果肉，搭配香草和蜂蜜，呈現出酸甜好滋味。再配上荔枝更是互相彰顯彼此的香氣，多汁的口感，搭配奶油及鬆軟的戚風蛋糕，無論視覺和味覺上，都很高雅。

A. 香草戚風蛋糕

材料

蛋黃麵糊	• 蛋黃3顆 • 砂糖13g • 香草豆莢1/3根（取出香草籽）
	• 水40g • 植物油40g • 低筋麵粉65g
蛋白霜	• 蛋白3顆 • 砂糖60g • 玉米粉6g

作法

請參考 Part 1「原味戚風蛋糕」。但材料加入香草籽。

B. 蘋果醬

材料

• 信濃金蘋果1顆
• 蜂蜜20g
• 砂糖100g
• 水200g
• 香草豆莢半根
• 檸檬汁少許

作法

① 將蘋果洗淨，去皮去核，切小丁（約0.5cm立方體）。切完的蘋果丁先放在容器裡，撒點檸檬汁、加點水浸泡，防止變色。

② 將水、糖，連同剔出的香草籽及香草豆莢，一起煮滾後，加入蘋果丁、蜂蜜，煮至收汁，放涼備用。

 Note

製成的分量較多，可裝入消毒好的瓶罐，冷藏保存。

C. 香草鮮奶油香緹

材料

• 鮮奶油250g • 砂糖25g • 香草豆莢1/4根

作法

從香草豆莢取出香草籽，加入鮮奶油及糖，在容器中以攪拌器打至九分發。

D. 新鮮荔枝（去殼、去籽）數顆

組合

① 將 A 香草戚風蛋糕分成三等分。在底層蛋糕片抹上 C 香草鮮奶油香緹，並且鋪上冷卻的 B 蘋果醬及 D 新鮮荔枝果肉，再蓋上夾心蛋糕片，重複相同步驟，最後蓋上頂層的蛋糕片。

② 在蛋糕的頂部及側邊均勻抹上香草鮮奶油香緹，再點綴上蘋果醬及新鮮荔枝，然後將剩下的香草鮮奶油香緹裝入擠花袋中，以玫瑰花嘴和葉型花嘴，在蛋糕表面擠出華麗的玫瑰花，即完成。

Tips　華麗的奶油玫瑰花擠法

① 將鮮奶油香緹裝入擠花袋，搭配玫瑰花嘴。再取一個擠花專用的花托，從中心點、以垂直左右拉高的方式做一個花心。

② 沿著花心，左手一邊旋轉花托，右手一邊繞著花心、以畫半圓的方式，擠上花瓣，由裡而外、層層堆疊至滿意的形狀。

③ 取一把剪刀，將擠完的玫瑰花鏟起放在抹完奶油的蛋糕上即可。

{烤蛋白糖莓果奶油蛋糕}

從外表完全看不出端倪的可愛造型，說是一款驚喜蛋糕也不為過。樸實的外表、一層一層填入自家熬煮的快速果醬，以及玫瑰鮮奶油；一切開來就看見奶油與果醬交融的漸層，搭配香軟的戚風，讓人一口接一口。

A. 戚風蛋糕

模具

• 6吋日式中空戚風模

材料

蛋黃麵糊 • 蛋黃3顆 • 三溫糖13g • 植物油40g

• 水40g • 低筋麵粉65g

蛋白霜 • 蛋白3顆 • 三溫糖60g • 玉米粉6g

作法

請參考Part 1「原味戚風蛋糕」。但模具改用6吋日式中空戚風模。

B. 烤蛋白糖

材料

• 蛋白2顆

• 砂糖50g

作法

❶ 在蛋白裡分三次加入砂糖,打至九分發後,裝入擠花袋中,搭配自己喜愛的花嘴。

❷ 在烤盤上鋪烘焙紙,將蛋白霜擠在烘焙紙上。放進預熱至120度的烤箱,並轉成100度烘烤90分鐘。完成後不要打開烤箱,讓烤箱慢慢冷卻,再拿出烤蛋白糖。

C. 自製莓果醬

材料

• 冷凍莓果100g

• 砂糖25g

• 水30g

• 香草豆莢1/3根

• 紅酒醋適量

作法

請參考Part 1「自製莓果醬」。香草豆莢請跟糖、水、莓果一起熬煮;紅酒醋則最後再加入,可增添香氣。

D. 香草鮮奶油香緹

材料

• 香草豆莢1/3根

• 鮮奶油180g

• 砂糖18g

作法

將香草豆莢取籽,和糖、鮮奶油一起裝入容器內,以攪拌器打至九分發。

❶ 將Ａ戚風蛋糕放在蛋糕底盤上，在中空處放入一層Ｄ香草鮮奶油香緹、一層Ｃ自製莓果醬，再一層香草鮮奶油香緹、一層莓果醬⋯⋯直到中空處填滿，再將蛋糕頂部以香草鮮奶油香緹均勻抹平。

❷ 先使用葉型花嘴，在蛋糕邊緣擠上一圈葉片形狀的鮮奶油；接著換用五爪花嘴，擠出奶油花。最後按照個人喜好排上烤好的Ｂ烤蛋白糖。

{ 鹽味焦糖奶油巧克力蛋糕 }

這是一款融合不同口感的蛋糕，把自製焦糖奶油醬抹上、撒些鹽之花提味，再加上焦糖口味鮮奶油和巧克力碎片；這款蛋糕的層次，很受大家的喜愛。

A. 巧克力戚風

材料

蛋黃麵糊　•蛋黃3顆　•砂糖12g　•植物油36g
　　　　　•熱水50g　•低筋麵粉40g　•無糖可可粉20g

蛋白霜　　•蛋白3顆　•砂糖55g　•玉米粉6g

作法

請參考 Part 1「原味戚風蛋糕」。但調整材料，做成巧克力口味。

Note

＊步驟1可可粉與低筋麵粉混合、過篩後，再加入攪拌盆，攪拌均勻。

＊可可粉因為富含油脂，步驟3拌合麵糊的時候，很容易導致蛋白霜消泡的情形，所以攪拌時請務必輕柔、但迅速地完成，口感才會比較好。

B. 基本焦糖醬

材料及作法請參考 Part 1「基本焦糖醬」，完成後，趁熱取 20g，製作 C 焦糖鮮奶油香緹。

C. 焦糖鮮奶油香緹

材料

•鮮奶油260g
•砂糖13g
•溫的基本焦糖醬20g

作法

將所有材料放入攪拌盆中，以攪拌器打至九分發。

D. 其他

•鹽之花少許
•巧克力碎片少許

組合

❶ 將A巧克力戚風蛋糕切成三等分。先在底層蛋糕片抹上B基本焦糖醬、撒上D鹽之花，再均勻抹一層基本焦糖醬、灑一點巧克力碎片，接著蓋上夾心蛋糕片，重複相同步驟，最後蓋上頂層的蛋糕片。

❷ 在蛋糕的頂部和側面隨意抹上C焦糖鮮奶油香緹；這款蛋糕適合抹出厚厚的堆疊感。最後再淋上基本焦糖醬、撒一些巧克力碎片，非常有食感喔。

｛層層疊疊白蘭地焦糖蘋果蛋糕｝

這款蛋糕是專為肉桂控設計的。蘋果和肉桂對我來說是超級好朋友，但是超級好朋友也不能少了白蘭地來做彼此溝通的橋梁。此外，漬完蘋果的醬汁也有妙用，可以拿來做成焦糖味的白蘭地鮮奶油香緹。爽脆、不過於軟爛的酒漬白蘭地焦糖蘋果，則和肉桂海綿蛋糕交織出大人專屬的成熟風韻。

A. 肉桂海綿蛋糕

材料

- 雞蛋 3 顆
- 砂糖 70g
- 低筋麵粉 80g
- 肉桂粉 2g
- 融化奶油 24g
- 牛奶 24g

作法

請參考 Part 1「基本海綿蛋糕」。
但在麵粉中加入肉桂粉。

B. 白蘭地焦糖蘋果

材料

- 脆蘋果 2～3 顆
- 砂糖 60g
- 無鹽奶油 20g
- 白蘭地 15g
- 肉桂粉適量

作法

❶ 蘋果去皮、去核、切片。

❷ 砂糖倒入鍋中加熱，煮成焦糖後，加入奶油以及白蘭地，混合均勻。

❸ 將蘋果加入拌炒，大約 30 秒後撒上肉桂粉，攪拌均勻，放涼備用。

C. 基本焦糖醬（兩份）

材料及作法請參考 Part 1「基本焦糖醬」。

D. 白蘭地奶油香緹

材料

- 鮮奶油 180g
- 白蘭地 5g
- 砂糖 10g
- 酒漬醬汁 10g

作法

將所有材料放入攪拌盆中，以攪拌器打至九分發。

組合

❶ 將 A 肉桂海綿蛋糕分成三等分。先將底層蛋糕片抹上 D 白蘭地鮮奶油香緹、鋪上放涼的 B 白蘭地焦糖蘋果，再抹上一層白蘭地鮮奶油香緹，接著蓋上夾心蛋糕片，重複相同步驟，最後蓋上頂層的蛋糕片。

❷ 將剩下的白蘭地鮮奶油香緹均勻薄抹在蛋糕頂部及側面，再按照個人喜好的方式鋪上白蘭地焦糖蘋果裝飾，最後淋上大量的基本焦糖醬即完成。

｛伯爵楓糖奶油藍莓蛋糕｝

「伯爵怎麼和藍莓這麼搭呀！」伯爵戚風從來不乏支持者，搭配著楓糖鮮奶油香緹及酸甜藍莓果實，風味絕佳。食譜中使用日本品牌的伯爵佛手柑茶粉，直接將茶和香料細細研磨，適量加入蛋糕中，再加上沖泡後的紅玉茶汁，整體散發淡淡茶香，很令人著迷。

A. 伯爵戚風蛋糕

材料

蛋黃麵糊　•蛋黃3顆　•砂糖13g　•植物油40g　•紅玉紅茶汁40g
　　　　　•低筋麵粉63g　•佛手柑伯爵茶粉2g

蛋白霜　　•蛋白3顆　•砂糖60g　•玉米粉6g

作法

請參考Part 1「原味戚風蛋糕」。但將水改為紅茶汁；麵粉中加入伯爵茶粉。

B. 楓糖鮮奶油香緹

材料	作法
•鮮奶油230g　•楓糖23g	將鮮奶油和楓糖加入攪拌盆中，以攪拌器打至九分發。

C. 新鮮藍莓適量

組合 ◇◇

❶ 將A伯爵戚風分成三等分。在底層蛋糕片抹上B楓糖鮮奶油香緹、均勻撒上新鮮藍莓，再鋪上一層楓糖鮮奶油香緹，接著蓋上夾心蛋糕片，重複相同步驟，最後蓋上頂層蛋糕片。

❷ 用楓糖鮮奶油香緹塗抹均勻蛋糕頂部；側面則用抹刀舀一些鮮奶油香緹，從底部垂直向上塗抹，抹完一圈後，在頂部點綴藍莓和香草即完成。

｛芒果香草奶油蛋糕｝

酸酸甜甜的愛文芒果帶有特殊的香氣，搭配簡單的香草鮮奶油香緹，就可以達到美妙的香甜滋味，是一款大人小孩都喜歡的蛋糕選擇。

A. 香草戚風蛋糕

材料

蛋黃麵糊 ・蛋黃3顆 ・砂糖13g ・香草豆莢1/3根 ・植物油40g ・水40g ・低筋麵粉65g

蛋白霜 ・蛋白3顆 ・砂糖60g ・玉米粉6g

作法

請參考Part 1「原味戚風蛋糕」。但另外加入香草籽。

B. 香草鮮奶油香緹

材料

・鮮奶油230g ・砂糖23g
・香草豆莢1/3根（取籽）

作法

將所有材料放入攪拌盆中，
以攪拌器打至九分發。

C. 愛文芒果1顆（去皮、去核，半顆切丁、半顆切薄片）

組合

❶ 將A戚風蛋糕分為三等分。在底層蛋糕片
抹上B香草鮮奶油香緹，並平均鋪上C愛
文芒果丁，再抹上一層香草鮮奶油香緹。
接著蓋上夾心蛋糕片，重複相同步驟，最
後蓋上頂層的蛋糕片。

❷ 將剩餘的香草鮮奶油香緹分成兩份。一份
從蛋糕頂部到側面，塗抹均勻；另一份則
裝入擠花袋，搭配個人喜好的花嘴，擠出
奶油花，再點綴芒果丁、芒果片捲和香草，
即完成。

{熱帶水果蛋糕}

這一款蛋糕會露出蛋糕原本的顏色。外表僅有薄薄的一層鮮奶油，所以在抹的時候，盡量把外層的奶油刮薄，就可以營造出「裸」的感覺囉。

A. 烤鳳梨花片

材料

· 鳳梨 1 顆

作法

鳳梨去皮,取三分之一,切圓形薄片,分別放置在馬芬模具內。以低溫120度、烘烤1.5小時,就完成烤鳳梨花片。

B. 香草磅蛋糕

材料

· 雞蛋 3 顆　· 砂糖 120g　· 無鹽奶油 135g　· 低筋麵粉 120g　· 香草豆莢 1/3 根（取籽）

作法

請參照 Part 1「溼潤型磅蛋糕」。但材料增加香草籽。

C. 香草鮮奶油香緹

材料

· 鮮奶油 250g
· 香草豆莢 1/3 根（取籽）
· 砂糖 25g

作法

將鮮奶油、糖、香草籽加入攪拌盆內,以攪拌器打至九分發

D. 其他

· 香蕉 1 根（切片）
· 芒果 1 個（切塊）

組合

❶ 將B磅蛋糕切成三等分。先在底層蛋糕片抹上C香草鮮奶油香緹,鋪上新鮮的D芒果塊,再抹一層香草鮮奶油香緹,接著蓋上夾心蛋糕片,抹上香草鮮奶油香緹、鋪上D香蕉片,最後蓋上頂層蛋糕片。

❷ 在蛋糕頂部和側邊抹上香草鮮奶油香緹（預留一些做最後裝飾）。頂部的奶油可以厚一點,側邊的奶油盡量刮薄,露出蛋糕的原色。最後將預留的香草鮮奶油香緹裝入擠花袋,在蛋糕頂部擠出喜愛的奶油花,再點綴A烤鳳梨花片即可。

{ 新鮮檸檬夾心優格蛋糕 }

這是一款適合夏天全家一起享用的檸檬夾心蛋糕。經典檸檬糖霜蛋糕酸甜又鬆軟，夾入檸檬凝乳後風味更加濃郁。這道食譜中把糖霜改成自製法式酸奶油，有優格與鮮奶油的香氣，一入口就嚐到濃濃的奶香，酸甜可口。

A. 檸檬磅蛋糕

材料

- 雞蛋3顆　• 砂糖120g　• 融化奶油135g（隔水加熱）
- 低筋麵粉120g　• 綠檸檬皮削半顆　• 綠檸檬汁30ml

作法

參考 Part 1「溼潤型磅蛋糕」。

Note

＊步驟2攪拌均勻後，加入檸檬皮削
　及新鮮檸檬汁，再攪拌一次，再
　入模烘烤。

＊烘烤約35分鐘後，以探針插入蛋
　糕中心檢查是否烤熟，如果還有
　沾黏，請再烤3～5分鐘。

B. 檸檬凝乳

材料及作法請參考 Part 1「檸檬凝乳」。

C. 自製法式酸奶油

材料及作法請參考 Part 1「自製法式酸奶油」。

D. 黃檸檬1顆（切薄片）

組合

❶　將A磅蛋糕分成三等分。先在底
　　層蛋糕片均勻塗上檸檬凝乳，再
　　蓋上夾心蛋糕片、抹上凝乳，最
　　後蓋上頂層蛋糕片。

❷　在蛋糕頂部及側邊，以抹刀均勻抹上冷藏、凝固後的自製
　　法式酸奶油，並將黃檸檬薄片貼在側邊裝飾，即完成。

❸　切片上桌時，可將黃檸檬薄片對
　　半切，裝飾在蛋糕頂部。

溫暖食感 NAKED CAKE.18　6人份

｛鹽味奶油蛋糕和莓果｝

很多人對於酸酸甜甜、長相討喜的莓果無法抗拒，
搭配上具有提味效果且奶香濃郁的鹽味奶油蛋糕，
以及莓果鮮奶油香緹，無論視覺上或是味覺上都很享受。

A. 鹽味奶油蛋糕

材料

- 雞蛋3顆 • 砂糖120g • 鹽之花5g
- 融化奶油 135g（隔水加熱） • 低筋麵粉120g

作法

請參照 Part 1「溼潤型磅蛋糕」。其中新增加的材料：鹽之花，最後再拌入蛋糕麵糊即可。

B. 自製莓果醬

材料及作法請參考 Part 1「自製莓果醬」。

C. 莓果鮮奶油香緹

材料

- 鮮奶油220g
- 砂糖22g
- 莓果醬15g（取自 B）

作法

將鮮奶油、糖、莓果醬放入攪拌盆中，打至九分發。

D. 新鮮草莓、藍莓（或是任何喜歡的莓果）適量

組合

❶ 將 A 磅蛋糕分成三等分。先在底層蛋糕片抹上 C 莓果鮮奶油香緹、鋪上 D 新鮮莓果，再抹一層莓果鮮奶油香緹，接著蓋上夾心蛋糕片，重複相同步驟，最後蓋上頂層蛋糕片。

❷ 在蛋糕的頂部和側面抹上莓果鮮奶油香緹。頂部厚一點，側面的奶油請刮薄，讓蛋糕本身的顏色顯露出來。最後在蛋糕上撒大量的新鮮莓果即完成。

{紅酒洋梨巧克力蛋糕}

紅酒燉洋梨是一道很適合冬天享用的甜點。使用雪利酒,加上香料、莓果,燉煮浸漬後的洋梨,水果香氣十足,卻不過度甜膩。再加上濃郁溼潤的巧克力蛋糕,在溼溼冷冷的冬天食用,暖胃也暖心。

A. 紅酒燉洋梨

材料

- 雪利酒 500ml
- 硬洋梨 6 個（洗淨、去皮）
- 老薑末 6g
- 柳橙皮削 6g
- 檸檬皮削 6g
- 冷凍莓果 100g
- 肉桂棒適量

作法

❶ 取一只大鍋，將雪利酒、老薑末、柳橙和檸檬皮削、莓果放入，煮滾後，再加入去皮、洗淨的整顆洋梨。

❷ 將一張烘焙紙剪成同鍋面大小，中央剪一個氣孔，蓋在紅酒洋梨上，以小火燉煮約 40 分鐘後，關火。將洋梨取出、瀝乾，放涼備用。

 Note

* 可按照個人喜好，另外添加八角、茴香、豆蔻等香料一起燉煮。

* 燉煮完洋梨的紅酒汁，請不要丟棄，用保鮮盒密封保存好，可用在另一道食譜（Part 3「紅酒巧克力 Paris-Brest」）。

B. 巧克力蛋糕

材料

蛋黃麵糊
- 無鹽奶油 85g
- 苦甜巧克力 85g
- 蛋黃 3 顆
- 砂糖 35g
- 低筋麵粉 60g
- 杏仁粉 25g

蛋白霜
- 蛋白 3 顆
- 砂糖 40g

作法

請參考 Part 1「無麩巧克力蛋糕」。但材料改成低筋麵粉與杏仁粉混合，並非無麩。

C. 巧克力淋醬

材料及作法請參考 Part 1「巧克力淋醬」。

 組合

將 C 巧克力淋醬淋到 B 巧克力蛋糕上，再將 A 紅酒燉洋梨放在巧克力淋醬上，靜置一下，等巧克力淋醬凝固即完成。

{咖啡英式奶油焦糖堅果蛋糕}

顧名思義，這是一款大人口味的甜點。食譜中不使用即溶咖啡粉，改用少量的手沖黑咖啡，讓蛋糕帶有淡淡的咖啡香氣就好。再加上焦糖英式鮮奶油香緹，以及每一口都吃得到的堅果碎粒，能充分品嚐各種食材的香甜氣息。

A. 咖啡磅蛋糕

材料

- 雞蛋 3 顆
- 砂糖 120g
- 無鹽奶油 135g
- 低筋麵粉 120g
- 手沖黑咖啡 30g

作法

請參考 Part 1「溼潤磅蛋糕」。

B. 香草英式奶油醬

材料

- 鮮奶 125g
- 砂糖 60g
- 蛋黃 3 顆
- 香草豆莢 1/3 根（取籽）

作法

❶ 取 12g 砂糖，和香草籽一起加入蛋黃中，攪拌至蓬鬆、泛白。

❷ 將牛奶加入剩餘的砂糖，和取出籽的香草豆莢一起煮滾，再緩緩沖入步驟 1 蛋黃糖液中，一邊倒一邊攪拌，直到充分混合。

❸ 將攪拌好的步驟 2 倒回鍋中，以小火加熱，並慢慢攪拌至濃稠，即可熄火、過篩，放涼備用。

C. 焦糖鮮奶油香緹

材料

- 鮮奶油 125g
- 基本焦糖醬 20g（請參考 Part 1「基本焦糖醬」）

作法

將鮮奶油打至九分發後，拌入 20g 基本焦糖醬即可。

D. 焦糖英式鮮奶油香緹

材料

將完成的 B 香草英式奶油醬和 C 焦糖鮮奶油香緹拌合均勻後，冷藏備用。

中乃取 40g

E. 焦糖堅果碎粒

材料

- 砂糖 40g
- 水 20g
- 無鹽奶油 5g
- 綜合無鹽堅果 70g

作法

① 將糖和水放入鍋中，煮成焦糖後關火，加入綜合無鹽堅果攪拌均勻後，再加入無鹽奶油，並再次開小火加熱，攪拌至均勻後放涼。

② 將冷卻的焦糖堅果切成碎粒備用。

組合

① 將A咖啡磅蛋糕切成三等分。先將底層蛋糕片均勻抹上D焦糖英式鮮奶油香緹、撒上E焦糖堅果碎粒，再蓋上夾心蛋糕片，重複相同步驟，最後蓋上頂層蛋糕片。

② 在蛋糕頂部及側面抹上B香草英式鮮奶油香緹，並在蛋糕周圍淋上基本焦糖醬，最後撒上剩餘的焦糖堅果碎粒，即完成。

{ 焦糖杏仁巧克力香蕉蛋糕 }

焦糖和巧克力一向都是好朋友，使用基本焦糖醬加上鹽之花提味，使得這款口感像
麵包一般軟Q的蛋糕，在甜味上變得更溫潤，搭配煙燻味的巧克力，非常迷人。

模具

• 6吋分離式圓模（請先在底部及側邊鋪上烘焙紙）

材料

• 低筋麵粉60g
• 中筋麵粉60g
• 無鋁泡打粉4.5g
• 肉桂粉少許
（以上粉類請先過篩、混合均勻）

• 全熟香蕉200g（用叉子搗成泥狀）
• 室溫奶油120g

• 砂糖75g
• 雞蛋3顆
• 基本焦糖醬（請參考Part 1「基本焦糖醬」）
• 巧克力甘納許（請參考Part 1「巧克力甘納許」，但材料分量改為80g）
• 鹽之花一小撮
• 烤杏仁片60g（在烤盤上鋪烘焙紙，放上杏仁片，送進預熱至100度的烤箱，烘烤至上色以及聞到香味即可）

作法

❶ 將糖和無鹽奶油一起打發至蓬鬆後，加入雞蛋1顆，攪拌均勻後，再加入一半粉類，攪拌均勻。如此重複進行，直到3顆雞蛋用完。

❷ 剩下的粉類先取一半加入步驟1的麵糊，攪拌均勻後，加入一半香蕉泥，再攪拌均勻，然後加入剩餘的粉類和香蕉泥，用刮刀混合均勻，即可入模。

❸ 以預熱至190度的烤箱，烘烤約40分鐘，出爐後放涼、脫模。

❹ 將蛋糕分成三等分。先在底層蛋糕片抹上基本焦糖醬、撒上少許鹽之花，再蓋上夾心蛋糕片，重複相同步驟，最後蓋上頂層蛋糕片。

❺ 在蛋糕表面抹上巧克力甘納許、撒上烤杏仁片，即完成。

 Note 步驟1的粉類需分成三次拌入，第一次是全部的一半（約60g），第二次則是一半的一半（約30g），第三次則為15g。剩下的15g用於步驟2。

{榛果蛋糕搭配焦糖巧克力夾心}

榛果的香氣讓很多人難以抗拒。只要將簡單的兩種自製醬料合而為一，就變成滋味豐富又香氣十足的常溫蛋糕點心。

A. 榛果磅蛋糕

材料

- 無鹽奶油150g ・ 砂糖120g ・ 蜂蜜1.5大匙 ・ 雞蛋3顆
- 榛果粉70g ・ 低筋麵粉80g ・ 無鋁泡打粉4.5g

Note

步驟1奶油和糖打發之後，
即可加入蜂蜜，攪拌均勻。

作法

請參考Part 1「基本磅蛋糕」。但低筋麵粉改為低筋麵粉和
榛果粉混合，並添加蜂蜜。

B. 基本焦糖醬

材料及作法參考Part 1「基本焦糖醬」。

C. 巧克力甘納許

材料及作法請參考Part 1「巧克力甘納許」。

組合

① 先將A榛果磅蛋糕切成三等分。再將B和C混
合均勻，做成焦糖巧克力醬，抹在底層蛋糕片
上，接著蓋上夾心蛋糕片，再抹上一層焦糖巧
克力醬，最後蓋上頂層蛋糕片。

② 將剩餘的焦糖巧克力醬淋在蛋糕表面，讓其自
然滴流下來即完成。

{ 無麩巧克力藍莓蛋糕 }

想吃蛋糕卻對麩質過敏的朋友，可以試試看這一款用杏仁粉代替麵粉烘焙的蛋糕。口感溼潤濃郁，搭配帶有橙酒香氣的巧克力鮮奶油香緹，以及藍莓果肉的酸甜滋味，也很適合跟情人分享喔。

A. 無麩巧克力蛋糕

請參考 Part 1「無麩巧克力蛋糕」。

B. 橙酒巧克力鮮奶油香緹

材料

• 鮮奶油 180g　• 巧克力甘納許（50g 苦甜巧克力、15g 鮮奶油）　• 橙酒 10g

作法

❶ 先製作巧克力甘納許，將 50g 苦甜巧克力和 15g 鮮奶油放入碗中，以隔水加熱的方式溶化，再拌入橙酒。

❷ 將 180g 鮮奶油打至九分發，再拌入溫熱的巧克力甘納許，快速攪拌均勻即可。

C. 新鮮藍莓適量

組合

❶ 將 A 無麩巧克力蛋糕分成三等分。先在底層蛋糕片抹一層 B 橙酒巧克力鮮奶油香緹，撒上部分 C 藍莓，再蓋上夾心蛋糕片，重複相同步驟，最後蓋上頂層蛋糕片。

❷ 在蛋糕頂部抹上剩餘的橙酒巧克力鮮奶油香緹，並撒上新鮮藍莓，以及一點防潮糖粉，即完成。

 6人份

｛紅酒無花果蛋糕｝

土耳其名產無花果乾，又大又香甜，拿來做蛋糕最適合了。這一款蛋糕使用了不少
焦糖醬，外表樸實，卻滋味無窮。

A. 紅酒無花果乾

材料

- 無花果乾6個（煮完後3個切成小塊、3個切半）
- 紅酒適量（足以淹過果乾即可）

作法

將無花果乾和紅酒一起裝入碗裡，放進電鍋，外鍋倒入一杯水（電鍋量杯）蒸煮，電鍋跳起，即可放涼備用。

 Note　蒸煮完的醬汁請不要丟掉，可加入蛋糕麵糊增添風味。

B. 紅酒焦糖磅蛋糕

材料

- 雞蛋3顆　• 無鹽奶油120g　• 砂糖90g
- 基本焦糖醬（作法請參考 Part 1「基本焦糖醬」）
- 低筋麵粉150g　• 無鋁泡打粉5g　• 切小塊的紅酒無花果乾（取自A）
- 紅酒醬汁15g（取自A）

作法

請參考 Part 1「基本磅蛋糕」。但材料加入基本焦糖醬及紅酒無花果，其餘略有調整。

Note

＊步驟1奶油和糖攪拌至蓬鬆、泛白之後，即加入焦糖醬攪拌均勻。
＊步驟3以橡皮刮刀攪拌的同時，加入切小塊的紅酒無花果乾，最後再加入紅酒醬汁攪拌均勻。

C. 紅酒糖霜

材料

- 糖粉150g
- 紅酒30g（或者從A取15g紅酒醬汁＋15g水）

作法

將糖粉放入攪拌盆中，一邊加入紅酒一邊慢慢攪拌，直到濃稠即可。

組合

在B紅酒焦糖磅蛋糕上淋上C紅酒糖霜，再點綴A切半的紅酒無花果即完成。

{蜜薑紅茶巧克力蛋糕}

這款是將無麩巧克力蛋糕，改成隔水蒸烤後的甜點。口感醇厚香濃，適合天涼的歲末食用，同時也帶有節慶的意味。

A. 蜂蜜薑泥

材料

- 砂糖 30g
- 蜂蜜 20g
- 新鮮嫩薑打成泥 80g
  （擠出 5g 的汁製作 C）

作法

❶ 將所有材料放入鍋中，煮滾後，轉小火收乾即可。過程中必須不停攪拌，以防止燒焦。

❷ 完成後約 100g，取 80g 用於 B 的蛋黃麵糊，剩下的可裝在保鮮盒中冷藏保存。

B. 紅茶巧克力蛋糕

材料

蛋黃麵糊	• 無鹽奶油 85g • 苦甜巧克力 85g • 蛋黃 3 顆 • 砂糖 35g
	• 低筋麵粉 15g • 佛手柑伯爵茶粉 5g • 可可粉 15g
	• 杏仁粉 50g • 蜂蜜薑泥 80g（取自 A） • 鮮奶油 10g
蛋白霜	• 蛋白 3 顆 • 砂糖 40g

作法

請參考 Part 1「無麩巧克力蛋糕」。但材料中的部分杏仁粉改成低筋麵粉、伯爵茶粉及可可粉，並非無麩。

 Note

* 蜂蜜薑泥和鮮奶油，等製作完巧克力蛋黃糊之後，再依序加入並攪拌均勻。

* 請先在烤箱中放一個烤盤，並加入冷水，再開始預熱。溫度到達後，將麵糊倒入模具、放進烤盤中，以隔水蒸烤的方式加熱。

C. 薑香糖霜

材料

- 糖粉 150g
- 薑汁 5g（取自 A）
- 水 25g

作法

將糖粉放入攪拌盆中，倒入薑汁和水，緩緩攪拌至濃稠即可。

組合

將 C 薑香糖霜均勻淋在 B 巧克力蛋糕上，再撒上一層可可粉（分量外），即完成。

{ 焦糖 Ricotta 肉桂蘋果咕咕霍夫 }

源自奧地利的咕咕霍夫麵包造型可愛，模具也很適合拿來做蛋糕。
炒一點焦糖肉桂蘋果，拌入清爽的瑞可達起士（Ricotta Cheese）
麵糊，再放入烤箱烘烤成香氣十足的蛋糕。出爐後淋上焦糖醬，溫
熱的口感，很適合入秋時節品嚐。

A. 焦糖肉桂蘋果

材料

- 蘋果1個
- 肉桂粉適量
- 砂糖 50
- 水 20g
- 無鹽奶油 5g

作法

❶ 將蘋果去核、去皮、切半，其中半顆切丁，另外半顆切片。

❷ 把糖和水放入鍋中，煮成焦糖後，放入蘋果丁和蘋果片。攪拌均勻後，熬煮約5分鐘。再加入奶油和肉桂粉，煮至果肉軟化、略呈透明狀即可。

❸ 將蘋果片、蘋果丁分開盛裝備用。

B. Rocotta蘋果肉桂蛋糕

模具

- 6吋咕咕霍夫模具（請先在內部抹油，並撒一點麵粉，放進冰箱冷藏）

材料

- 雞蛋2顆
- 砂糖60g
- 瑞可達起士50g
- 鹽少許
- 低筋麵粉150g
- 無鋁泡打粉5g
- 融化奶油60g（隔水加熱）
- 蘋果丁（取自A）

作法

請參考Part 1「基本海綿蛋糕」。

 Note

＊步驟1的最後加入瑞可達起士、少許的鹽，攪拌均勻。

＊步驟2加入過篩的麵粉和泡打粉、攪拌至無粉狀態後，再加入蘋果丁及融化奶油混合均勻。

＊最後倒入冷藏過的模具，放進預熱到180度的烤箱，烘烤約35分鐘。烤熟後立刻脫模，放涼備用。

C. 基本焦糖醬半份（請參考Part 1「基本焦糖醬」）

 組合

將C基本焦糖醬淋在B蘋果肉桂蛋糕上，周圍點綴A切片的焦糖肉桂蘋果，即完成。

{不是黑森林櫻桃巧克力蛋糕}

櫻桃巧克力蛋糕常讓人聯想到傳統的黑森林蛋糕，不過這款蛋糕是以少油、少蛋為基底，多了柑橘和酒的香氣，以及使用自製法式酸奶油來調和蛋糕的口感。這款歐陸氣息濃厚的蛋糕，我想吃過的人都會印象深刻。

A. 櫻桃巧克力蛋糕

模具

• 6吋分離式圓模

材料

• 奶油60g　• 砂糖120g　• 雞蛋1顆
• 自製法式酸奶油125g（請參考Part 1「自製法式酸奶油」）
• 麵粉160g　• 無鋁泡打粉1小匙　• 柳橙皮削1顆　• 鮮榨柳橙汁15ml　• 融化巧克力90g（隔水加熱）
• 自製酒漬櫻桃70g（取一個消毒完的空瓶，裝入白蘭地，再將櫻桃去籽、放入，醃漬約24小時）

作法

❶ 將奶油、糖、雞蛋、自製法式酸奶油倒入攪拌盆中，攪拌均勻。再將所有粉類過篩後加入，以及柳橙皮削、柳橙汁，改以刮刀攪拌。最後加入融化的巧克力，攪拌均勻後，倒入模具。

❷ 一顆一顆地將酒漬櫻桃放在麵糊上，並用手指壓入麵糊中，接著放入預熱至180度的烤箱，烘烤50分鐘，然後放涼、脫模備用。

B. 巧克力淋醬

材料及作法請參考Part 1「巧克力淋醬」。

C. 新鮮帶梗櫻桃適量

組合

將A櫻桃巧克力蛋糕放置在網架上，把B巧克力淋醬均勻淋在蛋糕上，再點綴上C新鮮帶梗櫻桃，即完成。

{紅茶蜜橙開心果卡士達蛋糕}

把充滿東方香氣的紅茶蛋糕，換另一種造型和夾心。
吃起來有布丁的感覺，且夾心醬裡撒了焦糖開心果柳
橙碎片，口感更多變。

A. 紅茶蛋糕

材料

- 雞蛋3顆　• 砂糖120g　• 無鹽奶油135g　• 低筋麵粉120g
- 綜合香料粉2g（豆蔻、肉桂、伯爵茶粉、薑粉混合）
- 濃紅茶汁50g（用1個紅茶包加入50g熱水沖泡）

作法

請參考Part 1「溼潤型磅蛋糕」。

 Note

＊綜合香料粉和麵粉一起過篩加入步驟1。
＊步驟2奶油拌勻後，加入濃紅茶汁再拌勻。

B. 紅茶卡士達奶油

材料

- 蛋黃 2顆　• 砂糖40g　• 玉米粉9g
- 香草豆莢1/3根（取籽）　• 紅茶鮮奶125g（紅茶50g＋鮮奶75g）
- 香草鮮奶油香緹125g（125g鮮奶油加入1/3根的香草籽，和12g的糖，打至九分發）

作法

① 將蛋黃、10g砂糖、玉米粉、香草籽放入攪拌盆中，攪拌均勻。

② 將紅茶鮮奶加入剩下的30g砂糖，放入小鍋中煮沸，再緩緩倒入步驟1蛋黃糊中，一邊倒一邊攪拌均勻。

③ 將步驟2蛋奶液再倒回小鍋中，一邊攪拌一邊加熱，直到濃稠。接著裝入容器中，用保鮮膜封口，放入冰箱冷藏約1小時。

④ 最後將香草鮮奶油香緹拌入，攪拌均勻即可。

C. 焦糖開心果柳橙碎片適量　材料及作法請參考P.30「蜜橙開心果花蛋糕」。

組合

① 將A紅茶蛋糕切成三等分。先在底層蛋糕片抹上B紅茶卡士達奶油，再撒上C焦糖開心果柳橙碎片，接著蓋上夾心蛋糕片，重複相同步驟，最後疊上頂層蛋糕片。

② 在蛋糕頂部塗上紅茶卡士達奶油，並撒上焦糖開心果柳橙碎片，即完成。

6人份

{淋一點檸檬糖霜橙香乳酪蛋糕}

酸酸甜甜又充滿柳橙香氣的乳酪蛋糕，不管是冰冰涼涼食用，或是常溫食用，都非常美味，是一款大人小孩都喜歡的甜點。

A. 糖漬柳橙片

材料

- 砂糖 100g
- 水 70g
- 柳橙 1 顆（洗淨切片）

作法

糖和水混合，放入鍋中煮沸後，加入柳橙片煮到收汁，放涼備用。

B. 香橙乳酪蛋糕

模具

- 6吋分離式圓模（請先在底部及側邊鋪上烘焙紙）

材料

- 奶油乳酪 100g
- 無鹽奶油 90g
- 砂糖 100g
- 糖漬柳橙片 50g（取自A）
- 低筋麵粉 105g
- 無鋁泡打粉 2.5g
- 雞蛋 2 顆

作法

❶ 將室溫奶油乳酪、無鹽奶油、糖放入鋼盆內，打發至蓬鬆、泛白。接著加入雞蛋攪打，一顆攪拌均勻後，再加入第二顆，攪拌至滑順。

❷ 將低筋麵粉、泡打粉混合過篩後，加入步驟1起士奶油糊，攪拌均勻，再以橡皮刮刀拌入切小片的糖漬柳橙，倒入模具。

❸ 在麵糊表面鋪上幾片完整的糖漬柳橙片，放進以180度預熱的烤箱，烘烤45分鐘。烤熟後，立刻脫模、再放涼。

C. 檸檬糖霜

材料

- 檸檬汁半顆的分量
- 糖粉 150g

作法

將半顆檸檬榨汁，加入糖粉，攪拌至濃稠。

 組合

將C檸檬糖霜均勻淋在B香橙乳酪蛋糕上即完成。

{ Pavlova 裸蛋糕 }

Pavlova是一款迷人的澳洲點心，以著名的芭蕾舞女伶為名。輕盈的口感，講究食材間的融合，就像是芭蕾舞般絢爛奔放。

A. 烤蛋白餅

材料

- 蛋白 150g
- 砂糖 100g
- 玉米粉 15g

作法

❶ 將蛋白放入攪拌盆中，砂糖分成三次加入（最後一次混入玉米粉），一邊加入一邊打發，直至九分發。

❸ 將蛋白霜裝入擠花袋，用一公分圓形花嘴，由內而外、以螺旋狀畫圈的方式，分別擠出三個、6吋的圓形在烤盤上。

❸ 烤箱以150度預熱20分鐘後，調降火溫為120度，放入蛋白霜，烘烤約一小時。接著將烤箱關閉，蛋白餅則留在烤箱內，直到完全冷卻後取出。

 Note

若蛋白霜有剩下，可擠幾個小的奶油花，烤成蛋白糖，最後當作裝飾。

B. 香草鮮奶油香緹

材料

- 鮮奶油 180g
- 香草豆莢 1/3 根（取籽）
- 砂糖 18g

作法

將鮮奶油加入糖和香草籽後，打至九分發備用。

C. 基本焦糖醬

材料及作法請參考 Part 1「基本焦糖醬」。

D. 新鮮莓果適量

 Note

此款甜點請立即食用，風味最佳。

 組合

❶ 在一片A烤蛋白餅上，均勻抹上B香草鮮奶油香緹、撒上大量D莓果、淋上適量C焦糖醬，再抹一層香草鮮奶油香緹，接著疊上另一片烤蛋白餅，重複相同步驟，直到疊完三層為止。

❷ 在最上層抹上香草鮮奶油香緹，撒上莓果，並淋上大量焦糖醬，即完成。若製作A時有多做烤蛋白糖，也可放上。

{ 玫果檸檬漸層慕斯裸蛋糕 }

這是一款酸甜厚度相當有層次的冰涼甜品，以清爽檸檬乳酪為基底，中段是檸檬凝乳的果凍，上層疊著玫瑰莓果風味濃郁的乳酪蛋糕，最後搭配大量的自製果醬和新鮮莓果，視覺與食感滿點。

A. 杏仁塔皮

模具

• 6吋塔圈

材料

請參考 Part 1「基本杏仁塔皮」。

作法

① 請參考 Part 1「基本杏仁塔皮」至完成麵糰。

② 以上、下火175度預熱烤箱，約20分鐘。

③ 先在烤盤上墊一張烘焙紙，取適量塔皮麵糰放在烘焙紙上，擀成比6吋圓形大的圓片，將塔圈壓在塔皮上，切除多餘的塔皮，接著放入烤箱，烘烤約18分鐘後，取出、放涼（不要脫模）備用。

B. 檸檬生乳酪

材料 奶油

• 生乳酪 100g

• 優格 50g

• 砂糖 25g

• 檸檬汁 15g

• 吉利丁片 1.5 片

• 鮮奶油 35g

作法

① 將吉利丁剪成小片，在冷水中泡軟。

② 將鮮奶油裝入小皿，下方套一個裝有熱水的小碗，溫熱鮮奶油。等鮮奶油溫熱之後，將泡軟的吉利丁片擠乾水分，放入鮮奶油中，攪拌均勻。

③ 將室溫生乳酪加入砂糖，攪拌均勻後，依序加入檸檬汁、步驟2鮮奶油吉利丁，再攪拌均勻。接著倒在烤好的A杏仁塔皮上。

④ 放入冰箱冷藏，至少4小時，凝固後，取出備用。

C. 檸檬果凍

材料

• 檸檬凝乳一份（請參考 Part 1「檸檬凝乳」）

• 吉利丁片 1.5 片

作法

① 將吉利丁剪成小片，用冷水泡軟。

② 將檸檬凝乳（趁熱）加入軟化的吉利丁片，攪拌均勻，放至微溫後，倒在冷藏凝固的B檸檬生乳酪上。

③ 放入冰箱冷藏，至少4小時，凝固後，取出備用。

D. 玫果乳酪

材料

- 奶油乳酪 125g
- 砂糖 30g
- 鮮奶 35g
- 冷凍或新鮮莓果 15g
- 蛋黃 2 顆
- 吉利丁片 1.5 片
- 鮮奶油 50g
- 有機玫瑰純露 2g

作法

① 將室溫軟化的奶油乳酪切小塊，放入鍋中，加入砂糖、鮮奶、冷凍或新鮮莓果，開小火加熱，攪拌均勻。

② 接著分次加入蛋黃，一次一顆，攪拌均勻（盡量讓溫度維持在 70 ～ 80 度），然後關火，放至微溫，再加入泡軟的吉利丁片，充分攪拌後，放涼備用。

③ 將鮮奶油和有機玫瑰純露一起打至九分發（玫瑰鮮奶油香緹），再加入步驟 2 微溫的莓果乳酪糊中，混合均勻。接著倒在冷藏凝固的 C 檸檬果凍上。

④ 放入冰箱冷藏，至少 4 小時。

 Note

步驟 2 莓果乳酪糊中，會保留部分「吃得到」的果肉；如果你希望口感細緻一點，可用攪拌棒將乳酪糊打得更綿密。

E. 自製莓果醬

材料及作法請參考 Part 1「自製莓果醬」。

F. 新鮮莓果適量

 組合

① 脫模。將 A ～ D 製作完成的蛋糕從冰箱取出，撕除底部的烘焙紙，移至蛋糕底盤上，再放到蛋糕轉盤上。用噴火槍對著模具側邊加熱，同時旋轉蛋糕轉盤，約 30 秒，再用兩手慢慢將塔圈往上移即可。

② 將 E 自製莓果醬淋在蛋糕上，再撒上適量的 F 新鮮莓果，即完成。

｛莓果氣息水果藍｝

使用生乳酪蛋糕當基底,外裹一層粉色的平板蛋糕把乳酪蛋糕圈起來,再裝飾上大量莓果,這是一款很適合夏日女性補充維生素的美容蛋糕。

A. 杏仁塔皮

模具

• 6吋塔圈

材料

請參考 Part 1「基本杏仁塔皮」。

作法

❶ 請參考 Part 1「基本杏仁塔皮」至完成麵糰。

❷ 以上、下火175度預熱烤箱，約20分鐘。

❸ 先在烤盤上墊一張烘焙紙，取適量塔皮麵糰放在烘焙紙上，擀成比6吋圓形大的圓片，將塔圈壓在塔皮上，切除多餘的塔皮，接著放入烤箱，烘烤約18分鐘後，取出、放涼（不要脫模）備用。

B. 粉色平板蛋糕

模具

• 35cm x 24cm x 3cm 矩形平板蛋糕模（請先鋪上烘焙紙）

材料

蛋黃麵糊 • 蛋黃2顆 • 砂糖9g • 水27ml • 植物油27g • 低筋麵粉40g • 紅麴粉3g
蛋白霜 • 蛋白2顆 • 砂糖40g • 玉米粉4g

作法

❶ 請參考 Part 1「原味戚風蛋糕」至步驟3（麵粉及紅麴粉請先混合、過篩，再拌入），最後將麵糊倒入平板蛋糕模中，抹平。

❷ 放入以上火160度、下火150度預熱的烤箱，烘烤23分鐘。

❸ 出爐後，模具輕震兩下，一手抓著烤模側邊，另一手拉著烘焙紙，將烘烤好的蛋糕取出，平放在桌上，輕輕撕開烘焙紙的四邊，放涼。

❹ 將放涼的平板蛋糕切成四等分長條，取其中約1.5條放入A的塔圈內。

C. 玫果乳酪

材料

- 奶油乳酪250g
- 砂糖55g
- 鮮奶70g
- 冷凍或是新鮮莓果30g
- 蛋黃3顆
- 吉利丁片2.5片
- 鮮奶油70g
- 有機薰衣草純露2g
- 新鮮莓果適量

作法

❶　請參考P.92「玫果檸檬漸層慕斯裸蛋糕」的D。完成後放入冰箱冷藏，至少4小時。

❷　從冰箱取出、脫模，最後點綴上適量新鮮莓果即可食用。

{蜂蜜無花果千層蛋糕}

這是一道使用法式可麗餅、製作略為費時的點心。特色在於麵糊裡加入柳橙與檸檬皮削，且除了牛奶外，還添加有機薰衣草純露，增添餅皮的香氣與口感。層層疊疊交錯的千層蛋糕，原料簡單，無需烤箱就能完成一道令人驕傲的甜點。

材料

- 低筋麵粉225g　・雞蛋3顆　・鮮奶500g
- 有機薰衣草純露水30g（水25g＋薰衣草純露5g）
- 鹽少許　・砂糖30g　・檸檬皮削2顆的分量
- 柳橙皮削2顆的分量　・融化奶油20g（隔水加熱）
- 自製法式酸奶油1份（請參考Part 1「自製法式酸奶油」）
- 蜂蜜適量
- 新鮮無花果2顆（1顆半切薄片，半顆切片）

作法

❶ 製作麵糊。將麵粉、雞蛋、柳橙及檸檬皮削、糖、鹽、融化
奶油一起加入鋼盆中，用打蛋器以畫小圈的方式快速攪拌，
一邊緩緩加入鮮奶，攪拌成麵糊。接著再加入有機薰衣草純
露水，攪拌均勻後，將麵糊用網篩過濾兩次、蓋上保鮮膜，
冷藏靜置一晚。

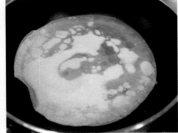

❷ 煎麵皮。取一只20cm的平底鍋，在鍋底抹上一層奶油，開中小火加熱。用湯杓舀一匙麵糊，從鍋
子中心點慢慢畫圈倒入，形成一個圓片。煎到上色後輕巧翻面，另一面也煎到上色即可。如此重複
步驟，直到麵糊用完，約能製成25片餅皮。

❸ 以一片餅皮、一層自製法式酸奶油、一片餅皮、一層蜂蜜的方式，層層堆疊；每隔幾層再夾入新鮮
的無花果薄片。

❹ 最後在蛋糕中央點綴切片無花果，在周圍撒一點糖粉，再淋上蜂蜜，即完成。

{ 莓果白蘭地芭芭蛋糕 }

改自經典的法式口味，透過麵糰的發酵、浸漬，讓白蘭地、水果和鮮奶油融為一體，是很適合節慶的餐後甜點。

A. 芭芭蛋糕

模具

• 6 吋咕咕霍夫

材料

• 鮮奶 50g
• 鮮奶油 30g
• 砂糖 15g
• 鹽少許
• 中筋麵粉 200g
• 雞蛋 3 顆
• 室溫奶油 60g
• 新鮮酵母 12g

作法

❶ 取 10g 鮮奶，加入新鮮酵母，融化成酵母液。

❷ 拿一只小鍋，將剩下 40g 鮮奶、鮮奶油、糖和鹽加熱至微溫。接著把麵粉、雞蛋放入攪拌盆內，加入溫奶漿，攪拌均勻。

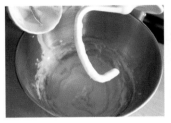

❸ 加入步驟 1 酵母液，攪打成麵糰。再一點一點加入室溫奶油，將麵糰攪打至溼潤光澤、有薄膜的狀態。

❹ 將麵糰放入鋼盆內，蓋上溼布，放在溫暖的地方，發酵約半小時。

❺ 將模具塗上奶油，放入發酵後的麵糰，接著再蓋上布，放置在溫暖的地方，進行第二次發酵，大約半小時。

❻ 將完成發酵的麵糰，放進預熱至 180 度的烤箱，烘烤約 20 分鐘，出爐後趁熱脫模，立刻浸到酒糖液（B）裡，備用。

Note　＊新鮮酵母為一種磚形的溼性酵母，成分只有酵母菌和水，保存不易，
　　　　　購回之後建議立刻分裝（每包約 20g），冷凍保存。
　　　　＊利用麵糰發酵的時間，先製作 B 酒糖液。

B. 酒糖液

材料

- 水350g - 砂糖200g - 檸檬汁半顆的分量
- 柳橙汁半顆的分量 - 香草豆莢1/2根 - 檸檬皮削適量
- 柳橙皮削適量 - 白蘭地適量

作法

將除了白蘭地以外的所有材料加入鍋中，煮沸並稍微攪拌。接著將糖液過篩，並趁熱加入適量白蘭地，稍微攪拌後，放涼備用。

C. 香草鮮奶油香緹

D. 新鮮覆盆子適量

材料

- 鮮奶油120g - 砂糖12g - 香草豆莢1/4根（取籽）

作法

把鮮奶油、糖、香草籽，加入攪拌盆中，以攪拌器打至九分發。

組合

將吸飽B酒糖液的A芭芭蛋糕取出，接著在蛋糕中空的部分、用抹刀填入C香草鮮奶油香緹，最後在蛋糕頂部點綴D新鮮覆盆子、撒上糖粉即完成。

Note　製作迷你白蘭地芭芭（P.113）時，可將香草鮮奶油香緹裝入擠花袋中，搭配個人喜歡的花嘴，在蛋糕中心的部分擠上奶油花。

PART THREE
誰來午茶

常常有需要哺乳的母親以及剛接觸副食的寶寶一起來享用下午茶。
對於寶寶和母親，我會盡量避開有咖啡因的食材，
所以用料簡單、口味單純，但依然香香甜甜，很有層次。

媽媽寶寶的
聚會

香草草莓蛋糕捲

〔蘋果洋梨塔〕

〔薰衣草焦糖蘋果奶油捲〕

〔檸檬咕咕霍夫〕

6人份（約5～6片蛋糕捲）

｛香草草莓蛋糕捲｝ P.102

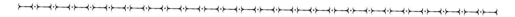

將圓形的戚風蛋糕換一個作法，用同樣的配方、換一種模具，就可以做出另一種感覺的甜點。

A. 香草平板蛋糕

模具

• 22cm x 22cm 矩形蛋糕模（請先鋪上烘焙紙）

材料

蛋黃麵糊　• 蛋黃 2 顆　• 砂糖 9g　• 香草豆莢 1/4 根（取籽）
　　　　　• 植物油 27g　• 水 27g　• 麵粉 43g

蛋白霜　　• 蛋白 2 顆　• 砂糖 40g　• 玉米粉 4g

作法

❶ 請參考 Part 1「原味戚風蛋糕」至步驟 3，最後將麵糊倒入矩形蛋糕模，以刮面板將表面抹平，放進以上火 160 度、下火 150 度預熱 20 分鐘的烤箱，烘烤 25 分鐘。

❷ 蛋糕出爐後，輕震兩下，脫模，將烘焙紙連同蛋糕一起移至桌面，放涼備用。

B. 香草鮮奶油香緹

材料

• 鮮奶油 120g
• 砂糖 12g
• 香草豆莢 1/4 根（取籽）

作法

將所有材料放入攪拌盆中，以攪拌器打至九分發。

C. 新鮮草莓適量（部分切片，部分切半）

組合

① 將 B 香草鮮奶油香緹抹在放涼的 A 香草平板蛋糕上，靠近自己的那一端抹厚一點，愈往另一端則愈薄。接著平鋪上 C 新鮮草莓切片。

② 類似用竹簾捲壽司的方式，從靠近自己的這一端開始，將蛋糕跟烘焙紙一起捲至三分之二的地方，壓一下，停頓，再捲至最後。稍微整形一下，把蛋糕捲放入冰箱，冷藏約 30 分鐘，取出後，切去頭尾不平整處。

③ 用剩下的香草鮮奶油香緹裝飾蛋糕表面，並放上 C 新鮮切半的草莓，即完成。

6人份（約6個）

｛檸檬咕咕霍夫｝ P.103

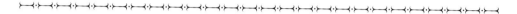

檸檬蛋糕帶點香甜、帶點微微果酸，搭配檸檬糖霜裝飾，以及咕咕霍夫小巧可愛的模樣，很受小朋友歡迎。

A. 檸檬蛋糕

模具

• 咕咕霍夫6個連續不沾模

材料

• 雞蛋3顆
• 砂糖120g
• 無鹽奶油135g
• 麵粉120g
• 檸檬皮削半顆的分量
• 檸檬汁30g

作法

參考Part 1「溼潤型磅蛋糕」。但將模具改為咕咕霍夫。

Note

＊步驟2攪拌均勻後，加入檸檬皮削及新鮮檸檬汁，再攪拌一次，再入模烘烤。
＊烤熟後，趁熱脫模，放涼備用。

B. 檸檬糖霜

材料

• 檸檬汁半顆的分量
• 糖粉150g

作法

將半顆檸檬榨汁，加入糖粉，攪拌至濃稠。

組合

將B檸檬糖霜淋在A檸檬蛋糕上即完成。

6人份（約6個）

{薰衣草焦糖蘋果奶油捲} P.103

這是一款非常可愛的小點心。粉色平板蛋糕可以做的多樣變化之一，就是套進圈模裡，填入鮮奶油和焦糖蘋果，再加上可愛的乒乓菊擠花，就是一款讓人心曠神怡又開胃的下午茶點心。

模具

• 迷你塔圈（請在底部鋪好烘焙紙）

A. 粉色平板蛋糕

材料及作法請參考 P.94「莓果氣息水果藍」；或是直接取用剩餘的部分。

B. 白蘭地焦糖蘋果

材料及作法請參考 P.54「層層疊疊白蘭地焦糖蘋果蛋糕」。

C. 薰衣草鮮奶油香緹

材料

• 鮮奶油 150g　• 薰衣草 5g　• 糖 15g

作法

將所有材料放入鋼盆裡，打至九分發備用。

組合

❶ 將A平板蛋糕貼在塔圈內圍，切掉多餘的部分。用抹刀填入C薰衣草鮮奶油香緹，約填到一半，放入B焦糖蘋果，再填上薰衣草鮮奶油香緹、刮平，放入冰箱，冷藏半小時。

❷ 先脫模，然後在蛋糕表面擠上乒乓菊樣式的奶油花，再點綴薄荷葉及焦糖蘋果，即完成。

Tips: 乒乓菊奶油花擠法

❶ 將十二爪花嘴放入擠花袋，剪去尖端，再裝入薰衣草鮮奶油香緹，封住袋口。

❷ 從圓心開始、由內而外，旋轉擠花。接著回到中心，擠上一大坨奶油，並在高處快速左右搖晃，就可以做出花紋效果。

6人份（約6個）

{ 蘋果洋梨塔 } P.103

非常有層次的蘋果洋梨塔，使用香草杏仁奶油內餡，搭配自製蘋果醬和新鮮洋梨，再加一點玫瑰鮮奶油香緹和香烤洋梨片。作法不用太複雜，也可以完成相當有食感的桌上點心。

模具

• 迷你塔圈（請在底部及側邊鋪好烘焙紙）

取

A. 杏仁塔皮（完成約180g）

材料

• 無鹽奶油60g　• 砂糖60g　• 蛋黃1顆　• 香草豆莢1/3根（取籽）　• 杏仁粉60g
• 低筋麵粉20g　• 白蘭地或萊姆酒適量（用於增添香氣，可省略）

作法

請參考 Part 1「基本杏仁塔皮」。

B. 杏仁奶油餡

材料

• 無鹽奶油60g
• 砂糖60g
• 杏仁粉60g
• 麵粉20g
• 蛋黃1顆
• 白蘭地15g（可省略）

作法

❶　將奶油和糖放入攪拌盆或大碗中，攪拌至泛白，再加入蛋黃攪拌至均勻。

❷　將麵粉及杏仁粉過篩，加入攪拌盆中，攪拌均勻。如果喜歡酒香的朋友，可以加入適量白蘭地。

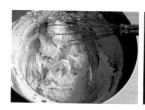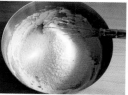

C. 蘋果醬適量

材料及作法請參考 P.46「蘋果荔枝蛋糕」。

D. 新鮮洋梨塊＆香烤洋梨片

材料

- 新鮮洋梨1顆

作法

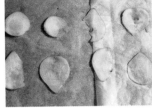

1. 半顆洋梨帶皮縱切成薄片，放進烤箱，以120度烘烤1小時。

2. 半顆洋梨去皮去核、切小塊備用。

E. 玫瑰鮮奶油香緹

材料

- 鮮奶油150g
- 有機玫瑰純露2g
- 砂糖15g

作法

將所有材料放入攪拌盆中，以攪拌器打至九分發。

組合

1. 把A杏仁塔皮桿成比塔圈模大一點的圓形，再將塔皮貼入塔圈模底部，由內向外將塔圈的側邊覆蓋、貼平後，用小刀去除掉多餘的塔皮。

2. 在入好模的塔皮底部戳洞，填入B杏仁奶油餡、C蘋果醬和D新鮮洋梨塊後，放進預熱至175度的烤箱，烘烤約30分鐘，出爐後放涼、脫模。

3. 將E玫瑰鮮奶油香緹裝入擠花袋中，搭配喜好的花嘴，以畫圓的方式在蘋果洋梨塔上擠上適量的香緹，最後以D烤洋梨片裝飾，即完成。

搭配有機花草茶

Tea Time
這組下午茶適合搭配有機花草茶，有舒緩平時媽媽帶孩子緊繃的神經，以及安定心性的功用。

無論你的另一半個性如何，
在一起的時光總是有著酸甜與甘苦，所以在這樣的獨處時光，
我會安排比較中性的甜點，讓兩人享受分食的美好。

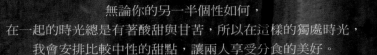

和另一半的
獨處時光

|迷你白蘭地芭芭|

|紅酒巧克力 Paris-Brest|

|蛋白霜檸檬塔|

{ 紅酒巧克力 Paris-Brest } P.110

使用雪利酒製成的紅酒凍,帶有濃烈的香氣,搭配苦甜巧克力甘納許,夾入 Paris-Brest 這款甜點中,苦甜交錯,回味無窮。

A. 泡芙

材料

- 鮮奶 70g
- 奶油 60g
- 水 70g
- 鹽 3g
- 砂糖 3g
- 低筋麵粉 120g
- 雞蛋 3 顆
- 杏仁片少許

作法

❶ 把水、鮮奶、奶油、糖和鹽倒入小鍋中,煮沸。關火後,加入過篩的麵粉,以木匙攪拌,直到黏稠、出筋,像馬鈴薯泥的狀態。

❷ 檢查鍋底有沒有粘上一層薄膜,如果沒有的話,就再以小火攪拌 1 分鐘,降低麵糊的溼度;有的話,即可加入雞蛋。

 Note

泡芙麵糰分量較多,不需一次全部烤完,可將部分保存起來,再做其他運用。

❸ 先加入一顆雞蛋,攪拌至麵糰完全吸收後,再加第二顆,攪拌均勻。接著將第三顆蛋打散,一邊觀察麵糊的狀態,一邊加入蛋汁,如果麵糊已經顯得光滑、並在攪拌匙上呈現倒三角的狀態,就可以不需要再加蛋汁了,以免麵糊過度溼潤,而無法膨脹。

❹ 在烤盤上鋪烘焙紙,把泡芙麵糊裝入擠花袋中(使用六爪花嘴),在烤盤上擠出一個個甜甜圈的形狀。步驟3若有剩下蛋汁,即將剩餘的蛋汁塗在泡芙麵糊的表面;如果蛋汁剛好用完,就塗一點鮮奶(分量外)。最後撒上杏仁片,放進預熱到 170 度的烤箱,烘烤 30 分鐘,上色後出爐。

B. 巧克力甘納許

材料及作法請參考 Part 1「巧克力甘納許」。

C. 紅酒果凍

材料

• 紅酒醬汁 100g（取自 P.66「紅酒洋梨巧克力蛋糕」）
• 吉利丁片 2 片

作法

將燉過洋梨的紅酒汁加熱，並加入用冷水泡軟的 2 片吉利丁片，攪拌均勻後，倒入方形模具（或方形保鮮盒）中冷藏，直到呈果凍狀後取出，切成小丁。

組合

將 A 泡芙切對半。把 B 巧克力甘納許裝入擠花袋中，搭配喜好的花嘴，在一半的泡芙上擠出適量的巧克力，接著點綴上 C 紅酒果凍小方丁，再蓋上另一半泡芙即完成。

和另一半的獨處時光 NAKED CAKE.40

｛迷你白蘭地芭芭｝ P.110

把酒漬白蘭地芭芭蛋糕製作成迷你咕咕霍夫，模樣小巧可愛，配色鮮明。一定會讓另一半眼睛一亮。

模具

• 咕咕霍夫6個連續不沾模

材料＆作法

請參考 P.98「莓果白蘭地芭芭蛋糕」。由於模具換成咕咕霍夫6個連續不沾模，原分量約可做成6個。

和另一半的獨處時光 NAKED CAKE.41

｛蛋白霜檸檬塔｝ P.110

小巧可愛的蛋白霜檸檬塔，頂部裝飾義式蛋白霜，搭配酸甜的檸檬餡，冷藏之後會更美味。

模具

• 迷你塔圈（請在底部鋪好烘焙紙）

A. 杏仁塔皮 180g

材料及作法請參考 Part 1「基本杏仁塔皮」。

B. 檸檬凝乳

材料及作法請參考 Part 1「檸檬凝乳」

C. 義式蛋白霜

材料

• 蛋白 80g　• 砂糖 192g　• 水 48g

作法

❶ 先將蛋白倒入攪拌鋼盆中，攪拌至泛白、蓬鬆的狀態。

❷ 在小鍋中放入水和糖，等糖吸收水分後，開火煮至大約攝氏118度。如果沒有溫度計，就準備一碗冷水，用湯匙舀一點糖漿倒入冷水裡，如果糖漿凝結成小球狀，就是煮好了。

❸ 一邊用攪拌器高速攪拌步驟1，一邊將步驟2的糖液緩緩沿著攪拌盆緣倒入，打至九分發備用。

❶ 把杏仁塔皮桿成比塔圈大一點的圓形，再將塔皮貼入塔圈底部，由內向外將塔圈的側邊覆蓋、貼平後，用小刀去除掉多餘塔皮，並放入冰箱中冷藏約半小時讓塔皮定型，同時準備其他材料。

❷ 在塔皮底部戳洞，放進預熱到175度的烤箱，烘烤約17分鐘，出爐後脫模、放涼。

❸ 在塔內填入檸檬凝乳，再放入冷凍庫，冷凍30分鐘。

❹ 取適量蛋白霜裝入擠花袋（花嘴自選），以畫螺旋的方式，在檸檬塔上鋪一層蛋白霜，再擠上喜愛的裝飾花樣，最後用噴火槍上色，即完成。

 Note

蛋白霜一次製作的分量較多，剩餘的可以烤成蛋白糖，保存下來，裝飾蛋糕。

搭配手沖咖啡

咖啡適合搭配口味有點厚重的甜點，如巧克力、紅酒、奶油以及杏仁、檸檬等，更能彰顯食材的變化以及凸顯其特性。你也可以換成其他自己喜好的咖啡形式，不一定要手沖。

好姊妹聚在一起話題聊不完，
準備一些輕盈口感的甜點當作下午茶，搭配法國 Mariage Frères 香氣十足的茶品，
吃完也不會覺得有負擔。

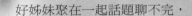

閨蜜的
掏心聚會

{迷你蜂蜜無花果橄欖蛋糕}

{伯爵果醬奶油三明治}

{迷你莓果pavlova}

4人份（約6個）

{ 迷你莓果 Pavlova } P.115

迷你蛋白霜口感酥鬆，再搭配綿密的鮮奶油和酸甜莓果醬，這款甜點適合即時食用，
三口完食的分量剛剛好。

A. 烤蛋白餅

材料
- 蛋白 100g
- 砂糖 30g
- 玉米粉 3g

作法

① 將蛋白放入攪拌盆中，砂糖分成三次加入（最後一次混入玉米粉），一邊加入一邊打發，直至九分發。

② 在烤盤上鋪烘焙紙，把蛋白霜裝入擠花袋中（花嘴自選），在烘焙紙上以畫螺旋的方式，擠6個小圓型的蛋白餅。接著在每一個蛋白餅上，再擠上2～3層圓圈。

③ 放進預熱至120度的烤箱，並調降到100度，烘烤約90分鐘後，關火，靜置在烤箱中自然冷卻，再取出。

B. 香草鮮奶油香緹

材料
- 鮮奶油100g
- 砂糖 10g
- 香草豆莢 1/4 根（取籽）

作法

將所有材料放入攪拌盆中，以攪拌器打至九分發。

C. 自製莓果醬適量

材料及作法請參考 Part 1「自製莓果醬」。

D. 新鮮莓果適量

將B香草鮮奶油香緹填入A烤蛋白餅中，再淋上些許C自製莓果醬、點綴D新鮮莓果，並立即食用。

閨蜜的掏心聚會 NAKED CAKE.43 　4人份（約4個）

｛迷你蜂蜜無花果橄欖蛋糕｝ P.115

把清爽口感的蜂蜜無花果橄欖蛋糕做成迷你版的模樣非常討喜，橄欖油的香氣搭配不甜膩的法式酸奶油和香甜無花果，是一款可以輕鬆完食的甜點。

模具

• 迷你中空圓模

材料＆作法

請參考P.34的「蜂蜜無花果橄欖蛋糕」。由於模具改為迷你尺寸，原分量的材料約可做出4個蛋糕。

4人份（約4～6個）

｛伯爵果醬奶油三明治｝ P.115

添加伯爵茶粉及紅玉紅茶調製的戚風蛋糕，香氣迷人，和莓果搭配相當合適。姊妹淘一起享用，分量不大，不用擔心卡路里，輕鬆滿足想要吃鬆軟香甜蛋糕的味蕾。

A. 伯爵戚風蛋糕

模具

• 6吋日式中空戚風模

材料

蛋黃麵糊	• 蛋黃3顆	• 砂糖13g	• 植物油40g	• 紅玉紅茶汁40g
	• 麵粉63g	• 佛手柑伯爵茶粉2g		
蛋白霜	• 蛋白3顆	• 砂糖60g	• 玉米粉6g	

作法

請參考 Part 1「原味戚風蛋糕」。但將水改為紅茶汁；麵粉中加入伯爵茶粉。脫模方式請參考 P.35「蜂蜜無花果橄欖蛋糕」。

B. 蜂蜜鮮奶油香緹

材料

• 鮮奶油120g
• 蜂蜜12g

作法

將鮮奶油倒入攪拌盆內，加入蜂蜜，打至七分發（帶有流動感的奶油霜）。

C. 自製莓果醬

材料及作法請參考 Part 1「自製莓果醬」。

D. 新鮮莓果適量

組合

將A伯爵戚風蛋糕縱切成4～6等分，並在每塊梯型蛋糕上方、中央的位置切一道開口，不要切到底。接著將C自製莓果醬夾入蛋糕切口中，再淋上B蜂蜜鮮奶油香緹，並撒上D新鮮莓果，即完成。

搭配法國 Mariage Frères 茶品

Tea Time

Mariage Frères 的茶品在法國非常具有代表性，是數一數二的老茶鋪，很受大眾歡迎。其中我最喜歡的口味是撒哈拉，以綠茶為基底，添加白玫瑰、甜薄荷等香氣，風味相當淡雅。

這套下午茶準備的是傳統媽媽的口味。

有溫厚的鹽味奶油蛋糕、典雅的楓糖栗子奶油，和家庭味的日式抹茶紅豆。

這些是媽媽比較容易接受的口味，也是女兒貼心為媽媽準備的溫暖午後。

母女的
貼心午茶

{鹽味奶油果醬夾心溫蛋糕}

{迷你楓糖栗子奶油蛋糕}

{抹茶蜜紅豆三明治}

｛鹽味奶油果醬夾心溫蛋糕｝ P.119

以溼潤磅蛋糕為基底的鹽味奶油蛋糕，溫溫的吃最好吃。夾入自製果醬，就變成一款帶有英式風味的維多莉亞蛋糕。

A. 鹽味奶油蛋糕

材料

• 雞蛋3顆
• 砂糖120g
• 融化奶油135g（隔水加熱）
• 低筋麵粉120g
• 鹽之花一小撮

作法

請參照 Part 1「溼潤型磅蛋糕」。
鹽之花最後再拌入蛋糕麵糊即可。

B. 自製莓果醬

材料及作法請參考 Part 1「自製莓果醬」。

C. 糖霜

材料

• 水15g　• 糖粉75g

作法

將水和糖一起攪拌成濃稠狀即可。

組合

❶ 將A鹽味奶油蛋糕切成三等分。在底層蛋糕片上均勻抹上B自製莓果醬，再蓋上夾心蛋糕片，重複相同步驟，最後蓋上頂層蛋糕片。

❷ 將C裝入擠花袋內，在蛋糕頂部擠上圓點糖霜，即完成。

｛迷你楓糖栗子奶油蛋糕｝ P.119

栗子給我的感覺就像是媽媽的溫柔，所以迷你楓糖栗子奶油蛋糕相信媽媽也會很喜歡。

模具

• 迷你中空圓模

材料＆作法

請參考P.38「楓糖栗子奶油蛋糕」。
由於模具改為迷你版，原分量約可做
成4個蛋糕。

｛抹茶蜜紅豆三明治｝ P.119

抹茶與紅豆這兩個好朋友也很適合做成三明治，只需要前一天晚上把紅豆處理好、
泡好，隔天就能輕鬆完成這道午後香甜。

A. 抹茶戚風蛋糕

模具

• 6吋日式中空戚風模

材料及作法請參考P.26
「草莓抹茶蛋糕」；脫
模方式請參考P.35「蜂
蜜無花果橄欖蛋糕」。

B. 香草鮮奶油香緹

材料

• 鮮奶油 150g
• 砂糖 15g
• 香草豆莢 1/4根（取籽）

作法

將所有材料放入攪
拌盆中，以攪拌器
打至七分發（帶有
流動感的奶油霜）。

C. 自製蜜紅豆

材料

- 紅豆250g
- 三溫糖250g

作法

1. 將紅豆洗淨，倒入夾鏈袋中，放進冷凍庫，冰凍一晚。

2. 把冷凍的紅豆、加五杯水放入電鍋內鍋，外鍋加一杯水，按下電鍋。電鍋跳起後，外鍋再加一杯水，繼續蒸；如此反覆跳三次，把紅豆煮軟。

3. 煮軟的紅豆放入炒鍋中，加入三溫糖拌炒，直至收汁。

 組合

1. 將A抹茶戚風蛋糕縱切成4～6等分，並在每塊梯型蛋糕上方、中央的位置切一道開口，不要切到底。

2. 將C自製蜜紅豆夾入蛋糕切口中，再淋上B香草鮮奶油香緹，並疊上一層自製蜜紅豆，即完成。

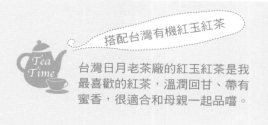

搭配台灣有機紅玉紅茶

Tea Time

台灣日月老茶廠的紅玉紅茶是我最喜歡的紅茶，溫潤回甘、帶有蜜香，很適合和母親一起品嚐。

平安夜是一家人歡聚的時節，
感謝這一年之間的種種，也期許明年能夠平順美好；
因此套餐中選的都是具有象徵性的甜點。

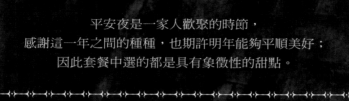

平安夜的
歡樂午茶

〔巧克力無花果聖誕樹幹蛋糕捲〕

〔鵝肝慕斯香料麵包〕

〔紅酒燉洋梨〕

{ 巧克力無花果聖誕樹幹蛋糕 } P.123

有別於常見的聖誕樹幹蛋糕，這款蛋糕造型簡單，卻帶點華麗。軟Q的鏡面巧克力不僅能讓蛋糕形狀保持完整，口感上也能加分。裝飾在蛋糕上的無花果，也可以依照季節、個人喜好替換成莓果或其他水果。

A. 巧克力平板蛋糕

模具

• 35cm x 25cm 平板蛋糕模（請先鋪好烘焙紙）

材料

蛋黃麵糊	• 蛋黃2顆	• 砂糖8g	• 植物油24g
	• 熱水33g	• 低筋麵粉26g	• 無糖可可粉13g
蛋白霜	• 蛋白2顆	• 砂糖37g	• 玉米粉4g

作法

請參考 Part 1「原味戚風蛋糕」。但調整材料，做成巧克力口味；且模具換成平板蛋糕模。

Note

＊步驟1可可粉與低筋麵粉混合、過篩後，再倒入攪拌盆中，攪拌均勻。
＊烘烤完成後，將蛋糕連同烘焙紙一起取出烤模，放涼備用。

B. 蜂蜜鮮奶油香緹

材料

• 鮮奶油120g　• 蜂蜜12g

作法

將鮮奶油倒入攪拌盆內，加入蜂蜜打至九分發。

C. 鏡面巧克力

材料

• 鮮奶油75g　• 鮮奶75g　• 苦甜巧克力125g　• 吉利丁片2片

作法

將鮮奶和鮮奶油放入鍋中煮滾後，加入切碎的巧克力，靜置1分鐘，再從中間開始攪拌，直到滑順，最後加入冷水泡軟的吉利丁片，攪拌均勻，備用。

D. 新鮮無花果2顆（切片）

❶ 將B蜂蜜鮮奶油香緹抹在A巧克力平板蛋糕上，靠近自己的那一端抹厚一點，愈往另一端則愈薄。接著平鋪上D新鮮無花果。

❷ 類似用竹簾捲壽司的方式，從靠近自己的這一端開始，將蛋糕跟烘焙紙一起捲至三分之二的地方，壓一下，停頓，再捲至最後。稍微整形一下，再把蛋糕捲放入冰箱，冷藏約半小時，取出，切掉頭尾不平整處。

❸ 將巧克力蛋糕捲放在烤架上，淋上C鏡面巧克力，再以D新鮮無花果及鮮奶油（分量外）裝飾，即完成。

｛鵝肝慕斯香料麵包｝ P.123

Pain d'épice 是法國很傳統的一款像蛋糕的麵包，口感扎實，充滿蜂蜜、柑橘和香料的氣味。相傳源自於中國元朝成吉思汗的年代，傳入中東後再傳入法國。在冷冷的冬天，很適合抹上鵝肝慕斯、撒上胡椒及香料食用，甜甜鹹鹹的組合，配上白酒或香檳，是很有風味的一道節慶料理。

A. 香料麵包

模具

・18cm x 10cm長方形烤模

材料

・綜合香料3g（肉桂、豆蔻、薑）
・八角5g
・柳橙皮削1顆的分量
・檸檬皮削1顆的分量
・砂糖80g
・蜂蜜190g
・水190g
・低筋麵粉190g
・無鋁泡打粉1g
・鹽1g
・融化奶油120g（隔水加熱）

作法

❶ 將香料、八角、柳橙及檸檬皮削、糖、蜂蜜、水，倒入鍋中混合，煮滾後，用濾網過篩。再一點一點、慢慢加入過篩的麵粉、泡打粉、鹽，攪拌均勻，再加入融化奶油，攪拌均勻後，放入冰箱，冷藏一天。

❷ 將麵糊倒入長方形烤模內，放進預熱至170度的烤箱，烘烤約45分鐘出爐，脫模、放涼備用。

B. 市售鵝肝慕斯一份（約330克）

組合

將B鵝肝慕斯切片，放在切片的A香料麵包上，撒上胡椒、肉桂等香料，再點綴八角、香草豆莢，最後撒一點鹽之花提味，即完成。

〔紅酒燉洋梨〕 P.123

十二月很適合食用這款屬於冬日的甜品。燉煮好的洋梨無論是拿來製作糕點，或是直接佐紅酒醬汁食用，都是暖心又暖身的一道甜品。

材料＆作法

請參考P.66「紅酒洋梨巧克力蛋糕」。

搭配自製香料熱紅酒

在德國或法國，香料熱紅酒是冬日每家必備的飲品。每個家庭的配方各有不同，也各有特色，我們喜愛香料，所以加了許多香料，還有柑橘類水果和香草豆莢一起燉煮，便完成具有濃濃香料氣息與柑橘氣息的香料熱紅酒。

材料

- 紅酒1瓶（750ml） ・丁香8顆 ・豆蔻粉、肉桂粉共約2g ・八角3粒 ・馬告10粒
- 香草豆莢半根 ・鮮榨新鮮柳橙汁4顆的分量 ・檸檬汁1顆的分量 ・老薑1塊（約75g）
- 肉桂棒1根 ・砂糖60g ・水200g

作法

將柳橙汁、水、檸檬汁以及香料混合，老薑用刀背拍裂，一起煮沸後，轉小火煮20分鐘。最後倒入紅酒，再煮沸即可。

 Note

＊柳橙汁及檸檬汁可以先過濾再加入，口感較為清爽。

＊喜歡濃郁口感的人，可以再加少許無糖可可粉，及西班牙辣椒粉（paprika）。

特別感謝：Marais 瑪黑家居選物、 New Century Wine 心世紀葡萄酒

法式香甜・裸蛋糕：
甜點私廚的 50 款淋一點、抹一下，樸實美感、天然好食的蛋糕新主張

作　　者	陳孝怡
攝　　影	李沂珈、殷正寰
責任編輯	余純菁
美術設計	比比司設計工作室
國際版權	巫維珍、蔡傳宜
行　　銷	艾青荷、蘇莞婷、黃家瑜
業　　務	李再星、陳玫潾、陳美燕、杻幸君
主　　編	蔡錦豐
總 經 理	陳逸瑛
編輯總監	劉麗真
發 行 人	涂玉雲
出　　版	麥田出版

台北市中山區 104 民生東路二段 141 號 5 樓
電話：02-2500-7696　傳真：02-2500-1966
blog：ryefield.pixnet.net/blog

發　　行　英屬蓋曼群島商家庭傳媒股份有限公司城邦分公司
台北市民生東路二段 141 號 11 樓
書虫客服服務專線：02-2500-7718・02-2500-7719
24 小時傳真服務：02-2500-1990・02-2500-1991
服務時間：週一至週五 09:30-12:00・13:30-17:00
郵撥帳號：19863813　戶名：書虫股份有限公司
讀者服務信箱 E-mail：service@readingclub.com.tw
歡迎光臨城邦讀書花園　網址：www.cite.com.tw
香港發行所／城邦（香港）出版集團有限公司
香港灣仔駱克道 193 號東超商業中心 1 樓
電話：852-2508-6231　傳真：852-2578-9337
E-mail：hkcite@biznetvigator.com
馬新發行所／城邦（馬新）出版集團
【Cite(M) Sdn. Bhd.】
地址：41, Jalan Radin Anum, Bandar Baru Sri Petaling,57000 Kuala Lumpur, Malaysia.
電話：603-9057-8822　傳真：603-9057-6622
電郵：cite@cite.com.my

總 經 銷　聯合發行股份有限公司　電話：02-2917-8022　傳真：02-2915-6275

製版印刷	中原造像股份有限公司
初版一刷	2016 年 10 月
定　　價	NT$ 380
ISBN	978-986-344-382-7

初版三刷　2016年11月

國家圖書館出版品預行編目 (CIP) 資料

法式香甜・裸蛋糕：甜點私廚的 50 款淋一點、抹一下，
樸實美感、天然好食的蛋糕新主張／陳孝怡作；李沂
珈，殷正寰攝影. - 初版. - 臺北市：麥田出版：家庭傳
媒城邦分公司發行, 2016.10
面；　公分
ISBN 978-986-344-382-7(平裝)

1. 點心食譜

427.16　　　　　　　　　　　　　　　105016985